Archives of Animal Nutrition

Archiv für Tierernährung

VOLUME 37 · MARCH 1987 · NUMBER 3

FOUNDED BY ERNST MANGOLD
EDITED BY HANS BERGNER

AKADEMIE-VERLAG BERLIN

ISSN 0003-942X Arch. Anim. Nutr., Berlin 37 (1987) 3, 191–282

Archives of Animal Nutrition covers the following topics: Biochemical and physiological foundations of animal nutrition with emphasis laid on the following aspects: Protein metabolism, metabolism of non-protein-nitrogen compounds, energy transformation, mineral metabolism, vitamin metabolism, nutritional effects and performance criteria, furthermore: practical animal feeding, feedstuff theory, feedstuff preservation and feedstuff processing.

We accept for publication:

Original manuscript not yet published in other journals and not intended for publication in other journals in the same form. Their length should not exceed 12 printed pages.

Manuscripts are to be sent to Prof. HANS BERGNER, Wissenschaftsbereich Tierernährung der Sektion Tierproduktion und Veterinärmedizin, Humboldt-Universität zu Berlin, Invalidenstr. 42, DDR - 1040 Berlin. We request the authors to submit their manuscripts typed double-spaced and ready for print. The institution which the paper originates will be mentioned together with the author's name in the title of the paper.

The author is requested to discuss and summarize the results of his work at the end of the manuscript.

Author's names in the manuscript are to be underlined with a red wavy line. We request you to underline italics with a black or blue wavy line Small print is to be indicated by a black or blue vertical line on the margin. Bibliographic data in the text are given with the name of the author and the year of publication, in case of several publications in one year, a, b, c etc. are added according to the sequence of the publications in the bibliography, e.g. MEYER (1985 a). In the bibliography the papers are arranged alphabetically according to the name of the first author and quoted as follows: surname, irst name, journal, volume, page and year.

Illustrations have to be restricted to the necessary minimum and to be enclosed separately. Indicative lines, letters etc. are to be entered in pencil. For photographes, a cover sheet should be used for this. The captions of the illustrations are to be listed on an extra sheet.

The authors receive 50 special prints of their contributions free of charge

Terms of Subscription

Orders for the journal "Archives of Animal Nutrition" can be sent

- *in the GDR:* to the Postzeitungsvertrieb or to the Akademie-Verlag Berlin, Leipziger Str. 3–4, DDR - 1086 Berlin;
- *in the other socialist countries:* to a book-shop for foreign language literature or to the competent news-distributing agency;
- *in the FRG and Berlin (West):* to a book-shop or to the wholesale distribution agency Kunst und Wissen, Erich Bieber OHG, Wilhelmstr. 4–6, D - 7000 Stuttgart 1;
- *in the other Western European countries:* to Kunst und Wissen, Erich Bieber GmbH, General Wille-Str. 4, Ch - 8002 Zürich;
- *in other countries:* to the international book- and journal-selling trade, to Buchexport, Volkseigener Außenhandelsbetrieb der DDR, Postfach 160, DDR - 7010 Leipzig, or to the Akademie-Verlag Berlin, Leipziger Str. 3–4, DDR - 1086 Berlin.

Zeitschrift „Archives of Animal Nutrition"

Herausgeber: Im Auftrag des Akademie-Verlages Berlin herausgegeben von Prof. Dr. Hans Bergner.

Verlag: Akademie-Verlag Berlin, Postfach 1233, Leipziger Str. 3–4, DDR - 1086 Berlin.

Fernruf: 2 23 62 01 oder 2 23 62 29, Telex-Nr. 11 44 20.

Bank: Staatsbank der DDR, Berlin, Kto.-Nr.: 6836-36-20712.

Chefredakteur: Prof. Dr. sc. Hans Bergner.

Anschrift der Redaktion: Humboldt-Universität zu Berlin, Invalidenstr. 42, DDR - 1040 Berlin;

Veröffentlicht unter der Lizenznummer 1274 des Presseamtes beim Vorsitzenden des Ministerrates der Deutschen Demokratischen Republik.

Gesamtherstellung: VEB Druckerei »Gottfried Wilhelm Leibniz«, DDR - 4450 Gräfenhainichen.

Erscheinungsweise: Archives of Animal Nutrition erscheint jährlich in einem Band mit zwölf Heften.

Bezugspreis je Band 360,– DM zuzüglich Versandspesen; Preis je Heft 30,– DM.

Der gültige Jahresbezugspreis für die DDR ist der Postzeitungsliste zu entnehmen.

Bestellnummer dieses Heftes: 1010/37/3.

AN (EDV) 39 532

02000

ARCHIVES OF ANIMAL NUTRITION
ARCHIV FÜR TIERERNÄHRUNG
VOLUME 36 · MARCH 1987 · NUMBER 3

Arch. Anim. Nutr., Berlin 37 (1987) 3, 191–213

Forschungszentrum für Tierproduktion Dummerstorf-Rostock
der Akademie der Landwirtschaftswissenschaften der DDR
Bereich Tierernährung „Oskar Kellner"

L. Hoffmann

Auswirkungen von Ernährungs- und Haltungsfaktoren auf die Wärmeproduktion von Ratten und Broilern

1. Mitteilung

Wärmeproduktion wachsender Broilerküken bei Haltung in Gruppen in Abhängigkeit von der Umgebungstemperatur

1. Einleitung

Der Ausdruck $1-\frac{\text{Wärmeproduktion (WP)}}{\text{umsetzbare Energie (uE)}}$ beschreibt die Konvertierung der Energie der Nährstoffe des Futters in Energie der Tierprodukte. Wird einem Tier gerade soviel Energie angeboten, daß es seinen Erhaltungsbedarf decken kann, ist der Quotient $\frac{\text{WP}}{\text{uE}}=1$ und die Konvertierungsrate $=0$. Erst Energieeinnahmen, die den Erhaltungsbedarf überschreiten, führen zu Konvertierungsraten >0. Je höher die Einnahme an umsetzbarer Energie bei sonst unveränderten Bedingungen ist, desto höher ist auch die Konvertierungsrate. Bei gleich hoher Einnahme an umsetzbarer Energie wird die Konvertierungsrate von einer Reihe von Faktoren bestimmt: vom Erhaltungsbedarf, von der Verwertung der Energie für die Bildung der Tierprodukte, wobei die Art des Produktes und seine chemische Zusammensetzung von Einfluß sind, von der motorischen Aktivität, der horizontalen und vertikalen Fortbewegung, von der Umgebungstemperatur und anderen Klimafaktoren sowie auch von Wirkungen, die von Krankheits- und Streßzuständen ausgehen können, um die wichtigsten Einflußfaktoren zu nennen.

Für den Einfluß der Umgebungstemperatur auf die Wärmeproduktion und damit auf die Konvertierungsrate sind die gegenwärtigen Kenntnisse für einzelne Tierarten noch nicht ausreichend, um die Zusammenhänge mit genügender Sicherheit quantifizieren zu können. Ob, wie nach den klassischen Vorstellungen, für jede Tierart in Abhängigkeit von Alter, Ernährungsniveau, Haltungsbedingungen u. a. Temperaturzonen der Thermoneutralität existent sind und beim Unterschreiten der unteren kritischen Temperatur die Wärmeproduktion linear ansteigt, oder ob die Wärmeproduktion unter dem Einfluß der Umgebungstemperatur einer Parabel folgt und statt der thermoneutralen Zone ein Temperaturpunkt der minimalen Wärmeproduktion anzunehmen ist (NICHELMANN u. a., 1974), ist in der Diskussion und bedarf für die einzelnen Tierarten der experimentellen Klärung. Für die landwirtschaftliche Tierhaltung ist es einmal bedeutsam, die thermoneutrale Zone bzw. den Temperaturpunkt minimaler Wärmeproduktion für die einzelnen Nutztierarten unter besonderer Berücksichtigung des Ernährungsniveaus zu kennen, um die Umgebungstemperatur gegebenenfalls darauf ausrichten zu können, zum anderen ist es wichtig zu wissen, in welchem Ausmaß die Konvertierungsrate negativ beeinflußt wird, wenn die Umgebungstemperatur unter die kritische Temperatur absinkt. Es sind Informationen darüber bereitzustellen, in welchem Umfang Futterenergie aufgewendet werden muß, um bei Unterschreitung der kritischen Temperatur den zusätzlichen Wärmebedarf der Tiere zu decken, bzw. in welchem Umfang bei gleicher Futterzufuhr die Wachstumsrate negativ beeinflußt wird. Mit solchem Wissen sind für den aktuellen Fall der Haltung der Tiere bei Temperaturen unterhalb der kritischen Temperatur Kalkulationen darüber möglich, welche Auswirkungen auf die Ökonomie der Produktion eintreten und wie die Ökonomie durch den alternativen oder kombinierten Einsatz von technischer Energie und Futterenergie zum Abfangen von Produktionsverlusten beeinflußt werden kann.

Mit Broilerküken sollten bei normalem Wachstumsverlauf erste Informationen zur Wärmeproduktion bei variabler Umgebungstemperatur unter Verwendung einer Klimakammer als Respirationskammer, die eine Gruppenhaltung ermöglicht, gesammelt werden, um aufbauend auf diesem Informationsgewinn durch weitere systematische Versuche die Fragen der Thermoneutralität und der thermoregulatorisch bedingten Wärmeproduktion für Broilerküken während des Wachstums zu bearbeiten.

2. Technik und Methodik

Es wurden 2 Versuche mit Broilerküken der Herkunft Tetra B bei einem Geschlechterverhältnis von 1 : 1 durchgeführt. Die Küken waren bei Versuchsbeginn 5 Tage und bei Versuchsende 57 bzw. 85 Tage alt. Sie wurden während der gesamten Versuchszeit in Stoffwechselkäfigen in der zur Respirationskammer ausgebildeten Klimakammer getrennt nach dem Geschlecht in 4 Gruppen mit jeweils 2 Untergruppen gehalten. Die Gruppenstärke, anfänglich 14 Küken/Gruppe, mußte im Ablauf der beiden Versuche sukzessiv bis auf 4 Küken/Gruppe vermindert werden, um Tiergröße, Belegungsdichte und Käfigraum aufeinander abzustimmen. Eine Versuchsübersicht enthält Tab. 1.

Gefüttert wurde industriell hergestelltes Broilermastfutter in pelletierter Form, dessen Energiegehalt und chemische Zusammensetzung in Tab. 2 angegeben sind.

Futter wurde täglich einmal entweder ad libitum oder restriktiv angeboten. Mit dem restriktiven Angebot sollte eine konstante Futteraufnahme innerhalb einer Meßperiode bei weitgehender Ausschöpfung des Futteraufnahmevermögens erreicht werden. Das Angebot richtete sich weitgehend nach der freien Futteraufnahme in den 3 Tagen vor Beginn der jeweiligen Meßperiode. Tränkwasser stand zur freien Aufnahme zur Verfügung.

Der Versuchsablauf vollzog sich im Wochenrhythmus, wobei an 4 Tagen der Woche (Meßperiode) die respiratorischen Messungen und in ausgewählten Abschnitten die quantitativen Exkrementsammlungen, getrennt nach 4 Tiergruppen, erfolgten. 3

Tabelle 1 (Table 1)
Versuchsübersicht (Schema of experiments)

Periode (Period)	Periodendauer (Days of period) d	Tierzahl (Number of animals)	Futterangebot (Feed supply)	Messung der Verdaulichkeit (Measurement of digestibility)	Umgebungstemperatur (Environmental temperature) °C	Alter* (Age*) d
Versuch 1 (Experiment 1)						
1	4	56	ad libitum		30	5
2	4	40	(ad libitum)		30	12
3	4	32	konstant, (constant) Wachstum (Growth)	×	30	19
4	4	24	„		30, 25, 20, 15	26
5	4	24	„	×	30	33
6	4	16	„		30, 25, 20, 15	40
7	4	16	„	×	30	47
8	4	16	„		30, 25, 20, 15	54
Versuch 2 (Experiment 2)						
1	4	56	ad libitum (ad libitum)	×	30	5
2	3	48	konstant, (constant) Wachstum (Growth)	×	35, 30, 25	12
3	4	40	„	×	25, 20, 15, 10	19
4	4	24	„	×	35, 30, 25, 20	26
5	4	24	„	×	25, 20, 15, 10	33
6	4	16	„	×	35, 30, 25, 20	40
7	4	16	„	×	25, 20, 15, 10	54**
8	4	16	„		30, 25, 20, 15	61
9	4	16	„		30, 25, 20, 15	68
10	4	16	konstant, (constant) Erhaltung (Maintenance)		30, 25, 20, 15	75
11	4	16	Hunger (Starvation)		30, 25, 20, 15	82

* Zu Beginn der 4tägigen Meßperiode (At beginning of the four-day measurement period).
** Nach Abschluß der 6. Periode mußte der Versuch wegen technischer Durchsicht der Klimakammer für eine Woche unterbrochen werden. (After finishing the 6th period the experiment had to be interrupt for a week for checking the climate chamber).

Tage der Woche waren der Übergangsfütterung auf das nächst höhere Niveau vorbehalten (Vorperiode).

Im Versuch 1 wurde die Temperatur in den Perioden 1, 2, 3, 5 und 7 mit 30 °C konstant gehalten, um aus den 4 aufeinanderfolgenden Messungen der Wärmeproduktion die Variation dieses Parameters bei Gruppenhaltung einschätzen zu können.

Tabelle 2 (Table 2)

Energiegehalt und chemische Zusammensetzung der Futtertrockensubstanz in den Versuchen 1 und 2

(Energy content and chemical composition of feed dry matter in the experiments 1 and 2)

Energie, kJ/g (Energy)	18,2
Organische Substanz, % (Organic matter)	91,2
Rohasche, % (Ash, %)	8,8
Rohprotein, % (Crude protein, %)	21,6
Rohfett, % (Crude fat, %)	3,5
Rohfaser, % (Crude fibre, %)	4,2
NFE, % (Nitrogen free extracts, %)	61,9

In den Perioden 4, 6 und 8 wurde die Temperatur von Tag zu Tag um jeweils 5°C im Bereich 30 bis 15°C geändert.

Im Versuch 2 wurde nur in der 1. Periode eine konstante Umgebungstemperatur mit 30 °C eingehalten (Eingewöhnungsperiode). In den übrigen Perioden erfolgte wie im Versuch 1 eine Temperaturveränderung um 5°C von Tag zu Tag, wobei sich die Prüfungen insgesamt über den Temperaturbereich 10–35°C erstreckten. Genaue Angaben zur Temperaturvariation sind der Versuchsübersicht in Tab. 1 zu entnehmen.

In den zur Verdaulichkeitsbestimmung vorgesehenen Perioden wurden die Exkremente an 4 aufeinanderfolgenden Tagen quantitativ gesammelt und bei –15 bis –20°C bis zur Aufbereitung zur Analytik, die Homogenisation, Gefriertrocknung und Vermahlung einschloß, aufbewahrt.

Die N-Bestimmung wurde in den Frischexkrementen vorgenommen. Für die Kot-N-Harn-N-Trennung fand das von HARTFIEL (1963) entwickelte und von WITTENBURG und CHUDY (1967) modifizierte chemische Verfahren Anwendung.

Für die Durchführung der Versuche wurde eine Klimakammer des Typs KTLK 1250 (Hersteller VEB NEMA, Netzschkau), die von ihrer Konstruktion her auf Versuche zum Pflanzenwachstum ausgerichtet war, zur Respirationskammer für Tierversuche umgerüstet und in der Ausstattung entsprechend ergänzt.

Die Kammer hat ein Volumen von 1,25 m³ und ist mit automatischen Regeleinrichtungen für Lufttemperatur und Luftfeuchte ausgestattet, die eine Regelgenauigkeit von ±0,2°C bzw. ±2 % ermöglichen. Für die Luftmengenmessung werden wahlweise nasse Gasuhren oder Ringwaagen, die nach dem Differenzdruckprinzip arbeiten, eingesetzt. Gasproben werden kontinuierlich aus dem die Kammer verlassenden Luftstrom entnommen und in Rezipienten gesammelt. In der über 24 h hinweg gesammelten Gasprobe werden CO_2- und O_2-Konzentration mittels Gasanalysatoren auf der Grundlage physikalischer Meßverfahren (INFRALYT bzw. PERMOLYT, VEB

Junkalor Dessau) bestimmt. Die Berechnung der Wärmeproduktion (WP) aus dem Gaswechsel erfolgt nach der Formel (HOFFMANN u. SCHIEMANN, 1980):

$$WP\,[kJ] = 5{,}02\ CO_2\,[l] + 16{,}19\ O_2\,[l]\,.$$

Eichversuche zur Testung der Meßsicherheit des dargestellten Respirationssystems sowohl über CO_2-Einleitung aus Stahlflaschen als auch über Alkoholverbrennung vor Aufnahme der Versuche haben zu den in Tab. 3 mitgeteilten Wiederfindungsraten geführt.

Tabelle 3 (Table 3)
Ergebnisse der Eichversuche mit der Klimakammer
(Results of calibration trials with the climate chamber)

Art der Eichung (Method of calibration)	Wiederfindungsrate, % (Recovery, %) CO_2	O_2
CO_2-Einleitung ($n = 21$) (Introducing of CO_2)	$100{,}2 \pm 1{,}5$	
Alkoholverbrennung ($n = 8$) (Combustion of alcohol)	$101{,}8 \pm 0{,}7$	$99{,}0 \pm 1{,}6$

In der Abluft der Respirationskammer wird zusätzlich der als NH_3 aus den Exkrementen durch Zersetzungsprozesse freiwerdende Stickstoff bestimmt. Aus den beiden Versuchen wurde im Mittel der 10 Perioden der Exkrementsammlung ein N-Verlust von $1{,}1 \pm 0{,}4\%$ der im Exkrement ausgeschiedenen N-Menge ermittelt.

Zur Haltung der Küken in der Klimakammer wurde eine transportable, zweietagige Käfigbatterie mit 4 Käfigelementen (4 Tiergruppen), die sich noch einmal unterteilen lassen (8 Tiergruppen), entwickelt. Die Käfigbatterie ist mit Fütterungs- und Exkrementsammeleinrichtungen versehen, die eine quantitative Fütterung bzw. Exkremententnahme ermöglichen.

Ergänzend zu den 24 h-Messungen wurde in den beiden Versuchen die Wärmeproduktion in 20-min-Abschnitten bei Variation der Umgebungstemperatur zwischen 5 und 35°C bestimmt. Für die CO_2- und O_2-Gaskonzentrationsmessungen wurde das Leistungsprüfgerät SPIROLYT (VEB Junkalor Dessau) verwendet. Die Eignung der Wärmeproduktionskurzzeitmessung für ausgewählte Probleme zum Energiewechsel ist von uns an anderer Stelle diskutiert und nachgewiesen worden (HOFFMANN u. KLEIN, 1982). Im Versuch 1 erfolgten entsprechende Messungen nur nach Abschluß der 8. Periode an 4 aufeinanderfolgenden Tagen, wobei der Energieversorgungsstatus variiert wurde. Im Versuch 2 fanden die Messungen nach Abschluß jeder Periode in der Zeit zwischen 8.30 und 15.00 Uhr statt. Während der Kurzzeitmessungen hatten die Küken freien Zugang zum Futter.

3. Ergebnisse und Diskussion

3.1. Futteraufnahme, Lebendmasseentwicklung und Verdaulichkeit

Die Trockensubstanzaufnahme erhöhte sich von 17 bis 18 g je Tier und Tag in der 1. Periode (5.–8. Lebenstag) auf über 100 g in der 6. bzw. 7. und 8. Periode (s. Tab. 4).

Tabelle 4 (Table 4)
Futteraufnahme und Lebendmasseentwicklung
(Feed intake and body weight development)

Periode (Period)	Tr.-Subst.-Aufnahme (Dry matter intake) g/d	Lebendmasse (Body weight) g	Lebendmassezunahme (Body weight gain) g/d
Versuch 1 (Experiment 1)			
1	18,2	97	14
2	37,8	247	26
3	53,3	470	31
4	76,1	720	35
5	92,3	1034	42
6	102,4	1342	45
7	98,5	1696	39
8	86,7	1932	24
Versuch 2 (Experiment 2)			
1	16,6	90	12
2	24,4	189	15
3	46,2	380	18
4	63,6	644	28
5	89,5	920	37
6	90,2	1226	30
7	114,7	1554	48
8	108,6	1871	38
9	84,0	2058	21
10	56,8	2094	−7
11	0	1982	−76

Die Futteraufnahmen in beiden Versuchen sind nicht geeignet, das Futteraufnahmevermögen des wachsenden Broilerkükens zu kennzeichnen, weil einmal eine freie Futteraufnahme in den meisten Perioden nicht gegeben war und zum anderen die wechselnde Umgebungstemperatur die Futteraufnahme beeinflußte.

Trotz gewisser Restriktion im Futterangebot und variabler Umgebungstemperatur erreichten die Broiler in der 7. Lebenswoche Lebendmassen >1500 g. Die höchsten täglichen Zunahmen mit mehr als 40 g/Tier lagen in der 6. bzw. 7. Periode.

Das Broilermastfutter wurde in allen geprüften Parametern in beiden Versuchen praktisch gleich hoch von den Küken verdaut (s. Tab. 5).

Hinzuweisen ist auf die deutlich niedrigere Fettverdaulichkeit durch die sehr jun-

Tabelle 5 (Table 5)
Verdaulichkeit von Energie und Nährstoffen und Umsetzbarkeit der Energie
(Digestibility of energy and nutrients and metabolizibility of energy)

Periode (Period)	n	Energie (Energy) %	Org. Subst. (Organic matter) %	Roh-protein (Crude protein) %	Roh-fett (Crude fat) %	Roh-faser (Crude fibre) %	NFE (Nitrogen free extracts) %	Umsetzbarkeit der Energie (Metabolizibility of energy) %
Versuch 1 (Experiment 1)								
3	4	77,4	76,9 ± 0,9	81,1 ± 1,4	92,8 ± 2,0	40,4 ± 2,6	77,0 ± 0,9	75,5
5	4	77,5	76,9 ± 1,4	80,2 ± 2,7	92,3 ± 1,5	32,1 ± 13,0	78,0 ± 1,8	75,3
7	4	75,4	75,7 ± 0,7	81,7 ± 2,2	86,5 ± 2,3	−18,0 ± 2,1	79,4 ± 0,5	72,1
Versuch 2 (Experiment 2)								
1	4	76,2	76,4 ± 0,7	(80,4)*	70,5 ± 0,9	45,6 ± 2,3	77,4 ± 0,9	74,6
2	4	78,2	77,4 ± 0,5	(80,4)*	91,0 ± 1,2	47,1 ± 2,1	77,6 ± 0,8	76,5
3	4	77,4	76,8 ± 0,6	(80,4)*	88,8 ± 0,9	50,7 ± 1,2	76,6 ± 1,0	74,9
4	4	78,3	77,6 ± 0,3	81,0 ± 1,3	88,5 ± 2,4	46,2 ± 3,0	78,0 ± 0,3	76,1
5	4	77,2	76,4 ± 0,8	79,9 ± 0,8	87,9 ± 2,1	48,6 ± 2,9	76,4 ± 1,1	74,9
6	4	77,3	76,9 ± 0,7	(80,4)*	86,5 ± 0,6	48,0 ± 0,9	77,1 ± 1,0	74,5
7	4	78,5	78,0 ± 0,7	(80,4)*	90,5 ± 1,2	44,1 ± 6,8	78,8 ± 0,8	76,1

* Mittelwert aus den Perioden 4 und 5

gen Küken in der 1. Periode des 2. Versuches. Damit werden Literaturbefunde bestätigt (ZELENKA, 1973; CAREW u. a., 1972; HOFFMANN u. a., 1974). Der einzige Fall der negativen Rohfaserverdaulichkeit in der 7. Periode des 1. Versuches ist wahrscheinlich auf eine fehlerhafte Rohfaserbestimmung in den Exkrementen zurückzuführen. Die Höhe der Rohfaserverdaulichkeit mit 40–50 % ist bemerkenswert.

Tabelle 6 (Table 6)
Verdaulichkeit der Nährstoffe in Abhängigkeit vom Geschlecht
(Digestibility of nutrients in dependence on sex)

Geschlecht (Sex)	n	Org. Subst. (Organic matter) %	Rohprotein (Crude protein) %	Rohfett (Crude fat) %	NFE (Nitrogen free extracts) %
Versuch 1 (Experiment 1)					
männlich (♂)	6	76,6 ± 1,3	81,6 ± 2,8	90,4 ± 3,6	78,2 ± 2,0
weiblich (♀)	6	76,4 ± 1,0	80,4 ± 0,8	90,6 ± 3,7	78,0 ± 0,8
Versuch 2 (Experiment 2)					
männlich (♂)	14	77,0 ± 0,9	80,6 ± 1,4*	85,6 ± 6,8	77,5 ± 1,2
weiblich (♀)	14	77,1 ± 0,7	80,3 ± 0,9*	86,9 ± 7,1	77,4 ± 1,0

* $n = 4$

Die Standardabweichungen der Einzelwerte der Verdaulichkeit der organischen Substanz bei n=4 mit im Mittel <1 zeigen, daß bei Gruppenhaltung und einer Exkrementsammlung über die Dauer von 4 Tagen eine genügend sichere Schätzung der Verdaulichkeit erzielt werden kann.

Die Umsetzbarkeit der Energie betrug für Versuch 1 = 74,3 ± 1,9 und für Versuch 2 = 75,4 ± 0,8 %, der Anteil der Energieausscheidung im Harn an der Bruttoenergie 2,5 bzw. 2,2 %.

Die Klassifizierung der Daten der Verdaulichkeit nach dem Geschlecht (s. Tab. 6) führt zu der Aussage, daß übereinstimmend in beiden Versuchen das Geschlecht keinen Einfluß auf die Verdaulichkeit ausübte.

3.2. Wärmeproduktion

Im Versuch 1 wurde in den Perioden 3, 5 und 7 bei innerhalb der Perioden gleich hohen täglichen Futtergaben die Umgebungstemperatur mit 30 °C konstant gehalten. Damit war beabsichtigt, einen Überblick darüber zu erhalten, mit welcher Variation in der Wärmeproduktion bei Gruppenhaltung bei absolut gleichen Umwelt- und Fütterungsbedingungen innerhalb einer Periode gerechnet werden muß. Da in den beiden ersten Perioden ebenfalls keine Variation der Umgebungstemperatur vorgenommen wurde und die täglichen Futteraufnahmen bei freiem Angebot nur wenig voneinander abwichen, wurden auch diese beiden Perioden in die Betrachtung zur Varianz der Wärmeproduktion einbezogen. In Tab. 7 sind Mittelwerte, Standardabweichungen und Variationskoeffizienten der Meßwerte zur Wärmeproduktion aus den 5 Perioden nach Korrektur auf gleiche Einnahme an umsetzbarer Energie innerhalb der einelnen Perioden mitgeteilt.

Der mittlere Variationskoeffizient beträgt 1,7 %. Der Fehler der Einzelmessung der Wärmeproduktion bei Gruppenhaltung unter den Versuchsbedingungen in der Klimakammer ist kleiner, als er bei Einzeltierhaltung in Respirationskammern beobach-

Tabelle 7 (Table 7)
Wärmeproduktion bei konstanter Umgebungstemperatur von 30°C im Versuch 1
(Heat production at constant environmental temperature of 30°C, Experiment 1)

Periode (Period)	*n*	Wärmeproduktion, kJ/kg $LM^{0,75}\cdot d$ (Heat production, kJ/kg $LW^{0.75}\cdot d$) Mittelwert (Mean)	Standardabweichung (Standard deviation)	Variationskoeffizient (Variation coefficient)
1	4	731	±12	1,6 %
2	4	796	± 8	1,0 %
3	4	768	±11	1,4 %
5	4	700	±15	2,1 %
7	4	584	±14	2,4 %
Mittelwert (Mean)			±12	1,7 %

tet wird. Für das von uns gewählte methodische Vorgehen zum Erkennen des Einflusses der Umgebungstemperatur auf die Wärmeproduktion im Entwicklungsablauf innerhalb einer Periode die Umgebungstemperatur von Tag zu Tag zu ändern, ist es bedeutsam, den Standardfehler der Einzelmessung zu kennen, weil Wiederholungen entfallen. Für die Beurteilung der Ergebnisse ist deshalb besonders darauf hinzuweisen, daß sie auf Einzelmessungen beruhen, die mit Fehlern behaftet sind, wie sie in Tab. 7 ausgewiesen sind.

Im Versuch 1 wurde in der 4., 6. und 8. Periode die Wärmeproduktion über 24 h bei 30, 25, 20 und 15 °C gemessen (s. Tab. 8).

In der 4. Periode erhöhte sich die Wärmeproduktion linear mit abnehmender Umgebungstemperatur von 725 kJ bei 30 °C auf 966 kJ/kg $LM^{0,75}$ d bei 15 °C; das ist eine Steigerung um 33 % und je 1 °C Temperaturabnahme um 2,2 %. In der 6. Periode war die Wärmeproduktion bei 30 °C um 8 % höher als bei 25 °C; weiter abfallende Temperatur bis auf 15 °C verursachte wieder einen linearen Anstieg der Wärmeproduktion. In der 8. Periode erhöhte sich die Wärmeproduktion linear im Tempe-

Tabelle 8 (Table 8)
Wärmeproduktion in Abhängigkeit von der Umgebungstemperatur, 24 h-Messungen
(Heat production in dependence on environmental temperature, 24 h-measurements)

Versuch 1 (Experiment 1)							
Periode (Period)	umsetzbare Energie (Metabolizable energy)	Wärmeproduktion in kJ/kg $LM^{0,75}$ · d (Heat production in kJ/kg $LW^{0.75}$ · d) bei der Umgeb.-Temperatur von (at environmental temperature of)				thermoregulatorische Wärmeproduktion (Thermoregulatory heat production)	
	kJ/kg $LM^{0,75}$ · d	30 °C	25 °C	20 °C	15 °C	kJ/$LM^{0,75}$ · d · °C	°C
4	1331	725	815	898	966	16,1	(30/15)
6	1200	672	620	739	811	19,1	(25/15)
8	663	499	572	606	663	10,5	(30/15)

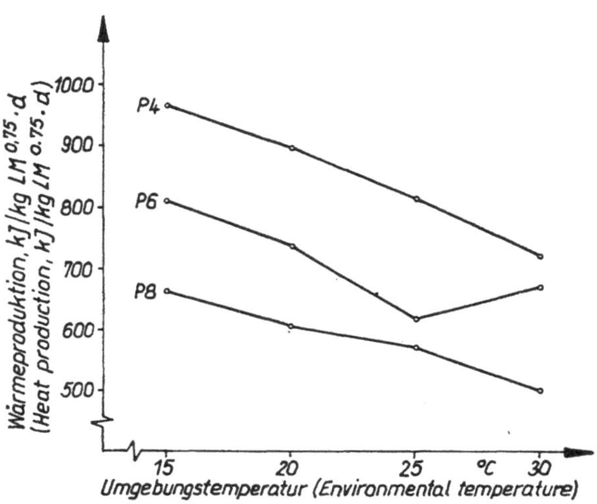

Abb. 1 (Fig. 1). Wärmeproduktion in Abhängigkeit von der Umgebungstemperatur, 24 h-Messung, Versuch 1; P = Periode
(Heat production in dependence on environmental temperature, 24 h-measurement, Experiment 1; P = period).

raturbereich 30 bis 15 °C, wobei der Anstieg geringer war als in der 4. Periode. Das niedrige Ernährungsniveau von etwa nur 130 % des Energieerhaltungsbedarfs in dieser Periode bei weitgehend ausgeschöpfter freiwilliger Futteraufnahme dürfte die Ursache dafür sein, daß bei 30 °C gegenüber 25 °C keine Erhöhung der Thermogenese wie in der 6. Periode eingetreten ist. Die Ergebnisse der 24 h-Messungen sind in Abb. 1 grafisch veranschaulicht.

Die regressiv berechnete thermoregulatorische Wärmeproduktion (Erhöhung der Wärmeproduktion bei Erniedrigung der Umgebungstemperatur unterhalb der kritischen Temperatur) geht von im Mittel 17,6 kJ im Alter von 4–6 Wochen (Periode 4 und 6) auf 10,5 kJ/kg $LM^{0,75}$ · d · °C in der 8. Lebenswoche zurück.

Nach Abschluß der 24 h-Messungen in der 8. Periode wurden nach 3tägiger ad-libitum-Fütterung an 4 aufeinanderfolgenden Tagen Wärmeproduktions-Kurzzeitmessungen mit folgenden Varianten vorangenommen:

Variante 1: ad-libitum-Fütterung mit Futteraufnahmemöglichkeit während der Messungen
Variante 2: Beginn der Messungen 16 h nach Futterentzug
Variante 3: Beginn der Messungen 40 h nach Futterentzug
Variante 4: Nach 64 h Futterentzug Futterangebot 1 h vor Beginn der Messungen und Futteraufnahmemöglichkeit während der Messungen.

Gegenüber den 24 h-Messungen war der Temperaturbereich der Kurzzeitmessungen mit den Grenzwerten 35 und 6 °C wesentlich erweitert. Die Meßergebnisse sind in Tab. 9 zusammengestellt und auch grafisch veranschaulicht (s. Abb. 2).

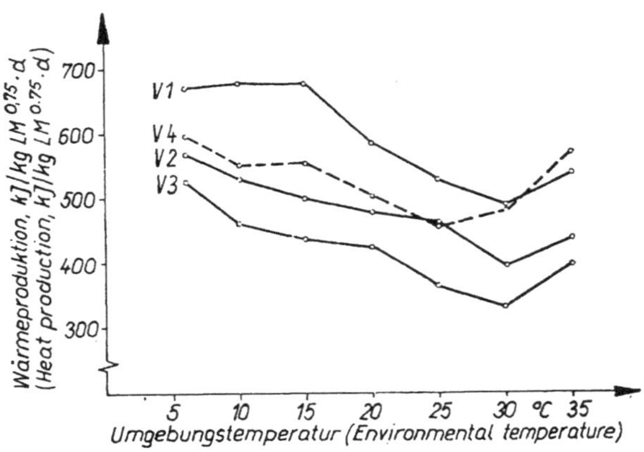

Abb. 2 (Fig. 2). Wärmeproduktion in Abhängigkeit von der Umgebungstemperatur, 20-min-Messung, Versuch 1; V = Varianten 1–4
(Heat production in dependence on environmental temperature, 20min-measurements, Experiment 1; V = variants 1–4).

Bedeutsam ist zunächst ein Vergleich der aus den 20-min-Messungen hervorgegangenen und auf 24 h umgerechneten Wärmeproduktionsdaten der Variante 1 mit den 24h-Messungen der Periode 8. Der Energieversorgungsstatus war in beiden Fällen etwa gleich. In der Reihenfolge 30, 25, 20 und 15 °C Umgebungstemperatur liegen die Unterschiede nur bei −2 %, −8 %, −3 % und +1 %. Diese gute Übereinstimmung läßt erkennen, daß unter bestimmten Versuchsbedingungen auch mit den 20-min-Messungen der Wärmeproduktion repräsentative Werte für den Tagesumsatz erhalten werden können. Voraussetzung dafür ist, daß die Tiere nicht diskontinuierlich gefüttert werden, sondern während der Messungen freien Zugang zum Futter haben.

Tabelle 9 (Table 9)

Wärmeproduktion in Abhängigkeit von der Umgebungstemperatur, 20-min-Messungen, Versuch 1

(Heat production in dependence on environmental temperature, 20 min-measurements, experiment 1)

Variante (Variant)	Lebendmasse (Bodyweight) g	Wärmeproduktion in kJ/kg $LM^{0,75}$ · d (Heat production in kJ/kg $LW^{0.75}$ · d) bei der Umgebungstemperatur von (at environmental temperature of) 35 °C	30 °C	25 °C	20 °C	15 °C	10 °C	6 °C	thermoregulatorische Wärmeproduktion (Thermoregulatory heat production) kJ/$LM^{0,75}$ · d · °C	°C
1	2076	538	489	527	585	672	672	669	12,1	(30/15)
2	2077	438	396	462	478	500	529	568	6,4	(30/ 6)
3	2003	396	330	362	426	437	462	524	7,5	(30/ 6)
4	1933	570	479	458	502	554	551	596	5,4	(30/ 6)

Weiterhin ist aus den Ergebnissen abzuleiten, daß die Zeit von 40 Minuten, die von einer Kurzzeitmessung bis zur nächsten zur Verfügung stand und in der der Übergang von einer Temperaturstufe zur anderen mit 5 °C Temperaturdifferenz vollzogen und eine Temperaturkonstanz in der Kammer in der Regel 20 Minuten vor Beginn der neuen Messung erreicht wurde, ausreichend sind, um die Regelsysteme und geregelten Organfunktionen des Broilerkükens für Wärmeproduktion und Wärmeabgabe auf der neuen Stufe der Umgebungstemperatur in eine Gleichgewichtslage zu bringen. Nach WINKLER (1973) vollzieht sich der Stoffwechselanstieg bei abfallender Umgebungstemperatur innerhalb von 20 bis 25 Minuten. Für die Varianten 1 bis 3 stellte sich das Minimum der Wärmeproduktion bei 30 °C ein. Bei 35 °C war die Wärmeproduktion gegenüber 30 °C um 10 %, 11 % und 20 % erhöht. Für die Variante 4 war das Minimum der Wärmeproduktion auf 25 °C hin verschoben.

Deutliche Auswirkungen auf die absolute Höhe der Wärmeproduktion hatte der Status der Energieversorgung bzw. die Dauer des Futterentzuges. So betrug die mittlere Wärmeproduktion für die 4 Varianten 593, 482, 420 und 530 kJ/kg $LM^{0,75}$ · d; relativ verhalten sich die Werte wie 100 : 81 : 71 : 89 Der Rückgang in der Wärmeproduktion in Variante 2 gegenüber 1 war doppelt so hoch wie in Variante 3 gegenüber 2.

Die freie Futteraufnahme nach 64 h Futterentzug erhöhte die Wärmeproduktion um 26 % gegenüber Variante 3; nur bei 30 und 35 °C lag sie etwa gleich hoch wie in Variante 1. Die weitgehende Konstanz der Wärmeproduktion zwischen 6 und 15 °C in Variante 1 deutet darauf hin, daß bei den 2 kg schweren Tieren mit 700 kJ/kg $LM^{0,75}$·d die Thermogenesekapazität – allein durch Kältebelastung induziert – erschöpft war.

Hinsichtlich der regressiv aus den linearen Abschnitten der Abhängigkeit der Wärmeproduktion von der Umgebungstemperatur berechneten thermoregulatorischen Wärmeproduktion je 1 °C unterscheiden sich die Werte aus der 8. Periode der 24 h-Messung (10,5 kJ) und nach Variante 1 der 20-min-Messung (12,1 kJ) nicht signifikant ($\alpha = 0,05$). Die Unterschiede in diesem Parameter zwischen Variante 1 und den übrigen Varianten sind dagegen signifikant ($\alpha = 0,05$).

Der Versuch 2 ist gegenüber Versuch 1 vor allem dadurch ausgezeichnet, daß nur in der 1. Periode die Umgebungstemperatur konstant war und daß nach jeder Meßperiode mit jeweils 3 bzw. 4 Temperaturstufen Kurzzeitmessungen der Wärmeproduktion im Temperaturbereich 5 bis 35 °C vorgenommen wurden. Die Ergebnisse der 24 h-Messungen sind in Tab. 10 und Abb. 3 wiedergegeben.

Tabelle 10 (Table 10)

Wärmeproduktion in Abhängigkeit von der Umgebungstemperatur, 24 h-Messungen, Versuch 2

(Heat production in dependence on environmental temperature, 24 h-measurements, experiment 2)

Periode (Period)	umsetzbare Energie (Metabolizable energy)	Wärmeproduktion in kJ/kg $LM^{0,75}$ · d (Heat produktion in kJ/kg $LW^{0.75}$ · d) bei der Umgeb.-Temperatur von (at environmental temperature of)						thermoregulatorische Wärmeproduktion (Thermoregulatory heat production)	
	kJ/kg $LM^{0,75}$ · d	35 °C	30 °C	25 °C	20 °C	15 °C	10 °C	kJ/$LM^{0,75}$ · d · °C	°C
1	1371		733						
2	1188	669	773	863				19,4	(35/25)
3	1300			939	974	1098	1019	15,9	(25/15)
4	1295	781	740	830	826			18,0	(30/25)
5	1297			793	865	923	1037	15,8	(25/10)
6	1160	731	646	699	749			10,3	(30/20)
7	1140			682	690	722	781	9,1	(20/10)
8	1033		650	604	645	671		6,7	(25/15)
9	721		536	543	566	602		5,9	(25/15)
10	451		459	478	504	529		5,1	(25/15)
11	0		360	346	343	342		0	(25/15)

Die Höhe der Wärmeproduktion je Einheit metabolischer Körpermasse ist vor allem von der Einnahme an umsetzbarer Energie in derselben Bezugseinheit abhängig. Weiterhin ist das Alter, mit dem eine zunehmende Wärmeisolierung des Körpers über Haut und Befiederung einhergeht, von Einfluß. In der frühen Entwicklung sind auch Veränderungen im Energieerhaltungsbedarf in Betracht zu ziehen. Ein abnehmender Energieerhaltungsbedarf im Zeitraum zwischen der 3. und 5. Periode im Versuch 2 könnte eine Erklärung für die auffallend große Differenz in der Wärmeproduktion bei gleicher Einnahme an umsetzbarer Energie sein (s. Tab. 10). In Untersuchungen zum Energieerhaltungsbedarf wachsender Broilerküken ist von uns nachgewiesen worden, daß sich der Erhaltungsbedarf je kg $LM^{0,75}$ · d in der frühen Entwicklungsphase abnehmend ändert und sich erst bei Lebendmassen um 200–300 g ein konstanter Wert einstellt (HOFFMANN u. a., 1982).

Mit Ausnahme der 11. Periode tritt in allen anderen Perioden mit Temperaturvariation der Einfluß der Umgebungstemperatur auf die Wärmeproduktion hervor. Der Einfluß schwächt sich mit zunehmendem Alter der Küken ab. Ein Ausdruck dafür ist die Veränderung der thermoregulatorischen Wärmeproduktion je 1 °C (s. Tab. 10),

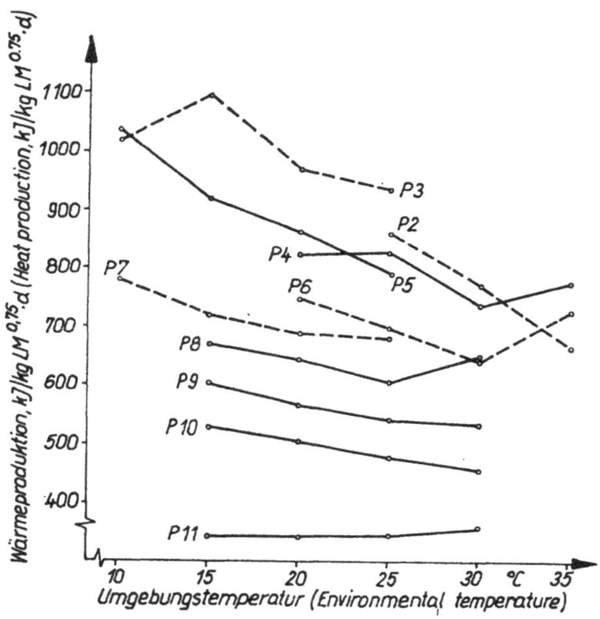

Abb. 3 (Fig. 3). Wärmeproduktion in Abhängigkeit von der Umgebungstemperatur, 24 h-Messung, Versuch 2; P = Periode
(Heat production in dependence on environmental temperature, 24 h-measurement, experiment 2; P = period).

die von 16–19 kJ in der 2. bis 5. Periode über 9–10 kJ in der 6. und 7. Periode auf 5–7 kJ/kg LM^{0,75}·d abnimmt.

Zur kritischen Temperatur lassen sich aus den 24 h-Messungen nur wenige Aussagen treffen, weil dazu besonders auch in der späteren Phase der Entwicklung höhere Umgebungstemperaturen hätten gewählt werden müssen, als sie im Versuch eingestellt wurden. Bei den Küken im Alter von 12–15 Tagen (2. Periode) fiel die Wärmeproduktion linear zwischen 25 und 35 °C ab, so daß eine kritische Temperatur nicht unter 35 °C anzunehmen ist. In der 4. und 6. Periode erhöhte sich die Wärmeproduktion bei Anstieg der Temperatur von 30 auf 35 °C um 6 bzw. um 13 % und in der 8. Periode bereits bei Anhebung der Temperatur von 25 auf 30 °C um 8 %. Somit ist eine Veränderung der kritischen Temperatur zwischen der 3. und 8. Lebenswoche bei Einhaltung eines Ernährungsniveaus, das eine normale Entwicklung sicherte, von etwa 35 °C auf 25 °C angezeigt. Daß sich in der 9. und 10. Periode erst bei 30 °C ein Minimum der Wärmeproduktion abzeichnet, hängt ganz offensichtlich mit der wesentlich niedrigeren Energieeinnahme gegenüber Periode 8 zusammen.
Aus den 24 h-Messungen ist noch auf zwei Ergebnisse besonders hinzuweisen:

- In der 3. Periode war bei 15 °C Umgebungstemperatur mit 1100 kJ/kg LM^{0,75}·d als Mittelwert eines Tages offensichtlich die Thermogenesekapazität für Küken entsprechenden Alters erreicht. Das weitere Absenken der Temperatur auf 10 °C hatte keinen stoffwechselstimuliernden Effekt mehr, im Gegenteil, die Wärmeproduktion blieb nicht nur nicht konstant, sondern fiel deutlich ab. Diese Stoffwechselreduktion ist als eine Überlastungsreaktion zu deuten und dürfte einen energetischen Stoffwechselerschöpfungszustand kennzeichnen. Daß bei kurzfristiger Belastung mit tiefen Temperaturen höhere Wärmeproduktionsraten, die 1300 kJ/kg LM^{0,75}·d sogar überschreiten, auftreten können, wird durch die Kurzzeitmessungen belegt (s. Tab. 11).

Tabelle 11 (Table 11)

Wärmeproduktion in Abhängigkeit von der Umgebungstemperatur, 20-min-Messungen, Versuch 2

(Heat production in dependence on evironmental temperature, 20 min-measurements, experiment 2)

Periode (Period)	Lebendmasse (Body weight) g	Wärmeproduktion in kJ/kg $LM^{0,75} \cdot d$ (Heat production in kJ/kg $LW^{0.75} \cdot d$) bei der Umgebungstemperatur von (at environmental temperature of) 35,0	32,5	30,0	27,5	25,0	22,5	20,0 °C	thermoregulatorische Wärmeproduktion (Thermoregulatory heat production) kJ/$LM^{0,75} \cdot d \cdot$ °C	°C
1	114	746	741	802	869	872	956	696	20,0	(32,5/ 22,5)
		35,0	30,0	25,0	20,0	15,0	10,0	5,0 °C		
2	212	713	719	879	1018	1051	1135	1169	20,1	(30/10)
3	416	874	746	837	996	1116	1292	1344	27,4	(30/10)
4	696	774	730	788	909	1061	1131	1193	21,5	(30/10)
5	995	863	762	788	866	986	1104	1160	21,4	(25/10)
6	1284	715	683	702	750	850	930	975	15,7	(25/10)
7	1648	844	717	712	745	773	819	843	7,0	(25/10)
8	1948	752	678	668	668	680	754	826	8,6	(20/10)
9	2100	659	607	602	615	628	662	662	4,7	(20/10)
10	2080	558	476	502	565	552	559	585	3,2	(25/10)
11	1830	355	347	346	350	353	397	419	4,7	(20/10

● In der 11. Periode, der Hungerperiode, nahm vom 1. bis zum 4. Hungertag die Umgebungstemperatur von 30 auf 15 °C ab. Aus mehreren Untersuchungen ist bekannt, daß mit zunehmender Hungerzeit bzw. Unterernährung die Stoffwechselrate abnimmt (MARSTON, 1948; HELLBERG, 1949; BLAXTER, 1962, GRAHAM, 1964; CHUDY, 1967). Daß in der 11. Periode mit abfallender Temperatur kein Anstieg der Wärmeproduktion beobachtet wurde – nach den Befunden aus den vorangegangenen Perioden war das zu erwarten –, hängt möglicherweise mit dem Bestreben der Stoffwechselreduzierung im Hungerzustand zusammen. Es ist denkbar, daß die zwei Regelmechanismen mit entgegengesetzter Wirkung auf den Stoffwechsel – einmal darauf ausgerichtet, den Körperenergieabbau zu drosseln, um die Überlebenschance zu erhöhen, zum anderen darauf ausgerichtet, die Thermogenese zu steigern, um die Kerntemperatur konstant zu halten und so die Lebensfunktionen zu sichern – zur Kompensation und damit zum indifferenten Verhalten der Wärmeproduktion in Abhängigkeit von der Umgebungstemperatur führten. Auf der einen Seite konnte der Energiespareffekt nicht durchgesetzt werden und auf der anderen Seite ist zu vermuten, daß eine Abkühlung wenigstens der Körperschale nicht zu vermeiden war.

Die 24 h-Messungen zur Thermogenese des Broilerkükens im Versuch 2 finden durch die 20-min-Messungen (s. Tab. 11 und Abb. 4) eine wertvolle Ergänzung und bestätigen diese auch mit genügender Annäherung.

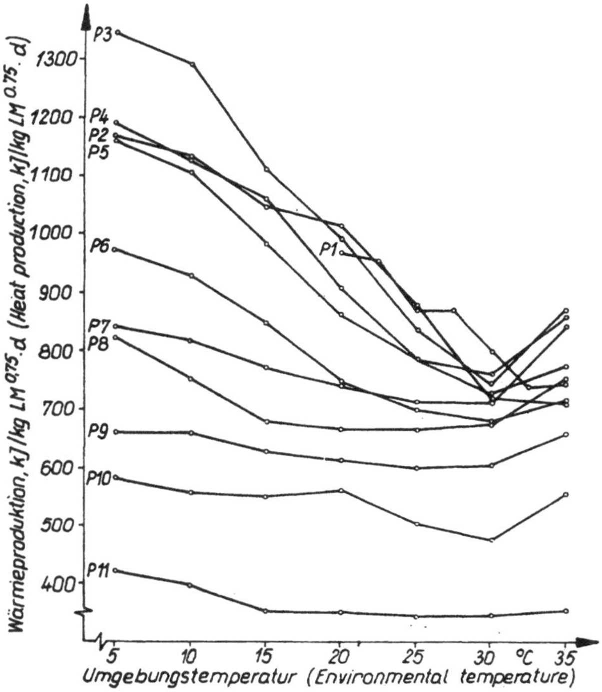

Abb. 4 (Fig. 4). Wärmeproduktion in Abhängigkeit von der Umgebungstemperatur, 20-min-Messung, Versuch 2; P = Periode

(Heat production in dependence on environmental temperature, 20 min-measurements, experiment 2; P = period).

Ein Beleg dafür ist die mittlere Abweichung der Wärmeproduktionswerte zwischen beiden Meßverfahren von $+3{,}2 \pm 5{,}2$ % ($n = 38$), wobei das Wertepaar mit dem diskutierten Meßwert aus der 3. Periode der 24 h-Messungen, der eine Überbelastung des Stoffwechsels signalisiert, nicht in den Vergleich einbezogen wurde. Für dieses Wertepaar liegt die Abweichung bei +27 %. Die mit +3,2 % festgestellte relativ kleine, aber doch signifikant ($\alpha = 0{,}05$) höhere Wärmeproduktion in den 20-min- gegenüber den 24 h-Messungen ist erklärbar; denn es kann davon ausgegangen werden, daß in der Zeit zwischen der einmaligen täglichen Futtergabe gegen 7.30 Uhr und dem Ende der Kurzzeitmessungen gegen 15.00 Uhr relativ mehr Futter aufgenommen wurde als in der restlichen Zeit des Tages. Deshalb ist für das erste Drittel des Versuchstages auch mit einer etwas höheren Stoffwechselrate zu rechnen.

Dadurch, daß gegenüber den 24 h-Messungen alle Kurzzeitmessungen auch mit der Temperaturstufe von 35 °C durchgeführt wurden, sind sicherere Aussagen zur kritischen Temperatur möglich. In Periode 1 lag das Minimum der Wärmeproduktion bei 32,5 und 35 °C und in der 2. Periode bei 30 und 35 °C. In den folgenden Perioden bis einschließlich der 7. Periode sind 30 °C als Temperaturpunkt minimaler Wärmeproduktion markiert. Ab der 8. bis einschließlich der 11. Periode ist mehr eine Temperaturzone minimaler Wärmeproduktion ausgebildet. Diese Zone der Thermoneutralität ist durch die Grenzwerte von 30 und 15 °C etwa abgesteckt.

Die aus dem linearen Abschnitt im Anstieg der Wärmeproduktion mit abnehmender Umgebungstemperatur regressiv berechnete thermoregulatorische Wärmeproduktion je 1 °C (s. Tab. 11) entspricht hinsichtlich ihrer Größe und ihrer Veränderung im Verlauf der Entwicklung der Ableitung aus den 24 h-Messungen. Von etwa 20 kJ in der frühen Wachstumsphase geht sie bis auf 5 kJ/kg $LM^{0,75}$ · d· °C zurück, wenn die Lebendmasse 2000 g überschreitet. Die Abnahme der thermoregulatorischen Wärmeproduktion im Entwicklungsverlauf der Küken ist eine Folge zunehmender Wärmeisolation des Tierkörpers durch Haut und Federkleid.

Für die 3. bis 7. Periode ist auffallend, daß mit der Erniedrigung der Temperatur von 10 auf 5 °C die Wärmeproduktionskurven flacher werden (s. Abb. 4), in der 1. und 2. Periode beginnt das schon bei 20 °C. Das kann so gedeutet werden, daß die Grenzen maximaler Wärmeproduktion in diesem Entwicklungsstadium (3. – 7. Periode) nicht weit unterhalb von 5 °C liegen. In der 3. Periode wurde bei 5 °C (mit 20′ Meßzeit) mit 1344 kJ/kg $LM^{0,75}$ · d die höchste Stoffwechselrate beobachtet. Wie bereits diskutiert, sind so hohe Umsatzraten wahrscheinlich nur für eine sehr begrenzte Zeitspanne, keineswegs über 24 h, aufrecht zu erhalten. Das ergibt sich auch daraus, daß in der 3. Periode die 24 h-Messungen bei 10 und besonders bei 5 °C zu wesentlich niedrigeren Werten der Wärmebildung führten.

3. 3. Abschließende Auswertung

Die Wärmeproduktion des Broilerkükens wird in der frühen Wachstumsphase bis zur 5. Lebenswoche besonders stark von der Umgebungstemperatur beeinflußt. Das Absinken der Umgebungstemperatur um jeweils 1 °C unterhalb der kritischen Temperatur im Bereich linearer Beziehungen zwischen Wärmeproduktion und Umgebungstemperatur erhöht die Wärmeproduktion um 20 kJ/kg $LM^{0,75}$ · d. Mit zunehmendem Alter schwächt sich der Einfluß ab; die thermoregulatorisch bedingte Wärmeproduktion fällt in der 6. bis 7. Lebenswoche auf 10–15 kJ ab und erniedrigt sich weiter auf 4–5 kJ/kg $LM^{0,75}$ · d · °C, wenn die Broiler 8 Wochen und älter werden. Aus Untersuchungen von WINKLER (1973) lassen sich aus den dargestellten Kurven der Abhängigkeit der Wärmeproduktion von der Umgebungstemperatur bei Broilerküken folgende Werte der thermoregulatorischen Wärmeproduktion in der Folge des Alters 4, 10, 21, 32 und 56 Tage ermitteln: 19,5, 14,0, 12,8, 12,4 und 11,2 kJ/kg $LM^{0,75}$ · d · °C. Entspechende Daten an Legehybriden (NICHELMANN u. a., 1983) im Alter von 10, 20, 40, 91 und 455 Tagen sind: 23,9, 17,1, 11,1, 11,4 und 12,2 kJ/kg $LM^{0,75}$ · d · °C (von kg LM auf kg $LM^{0,75}$ umgerechnet). Insgesamt besteht aus den 3 Untersuchungen weitgehende Übereinstimmung darüber, daß die thermoregulatorische Wärmeproduktion von etwa 20 kJ/kg $LM^{0,75}$ · d · °C beim 1 bis 2 Wochen alten Küken auf 10–12 kJ/kg $LM^{0,75}$ · d · °C beim 8 Wochen alten Küken zurückgeht.

WINKLER (1973) kommt auf Grund seiner Untersuchungen zu der Schlußfolgerung, daß die Beziehung zwischen der Wärmeproduktion von Broilerküken verschiedener Altersstufen und der Umgebungstemperatur durch eine Parabel beschrieben werden kann. Eine thermisch neutrale Zone der Wärmeproduktion war in keinem Fall ausgebildet. Der Scheitelpunkt der Parabel repräsentiert einen Temperaturpunkt, der als thermisch neutrale Temperatur bezeichnet wird und begrifflich mit der unteren kritischen Temperatur (kritische Temperatur) der thermisch neutralen Zone identisch ist. Analoge Beobachtungen zur Abhängigkeit der Wärmeproduktion von der Temperatur beim Geflügel wurden an Eintagsküken von Legehybriden von MISSION (1976), an Broilerküken von FARRELL und SWAIN (1977a, b), an

Legehennen von BAROTT und PRINGLE (1946), von VAN KAMPEN u. a. (1979) und von NICHELMANN u. a. (1983), an Puten von MACLEOD u. a. (1981), NICHELMANN u. a. (1976 a, b) und NICHELMANN (1984 a) gemacht. Auch für wildlebende Vogelarten (GELLINEO, 1964) und auch Säugetiere sind entsprechende parabelförmige Abhängigkeiten nachzuweisen (s. NICHELMANN u. a., 1974).

Die von uns in 20′-Abschnitten über den Temperaturbereich von 5–35 °C vorgenommenen Messungen bestätigen die prinzipielle Möglichkeit der Anpassung parabelförmiger Kurven an die Meßdaten bis zu einem Alter der Küken von 7–8 Wochen,

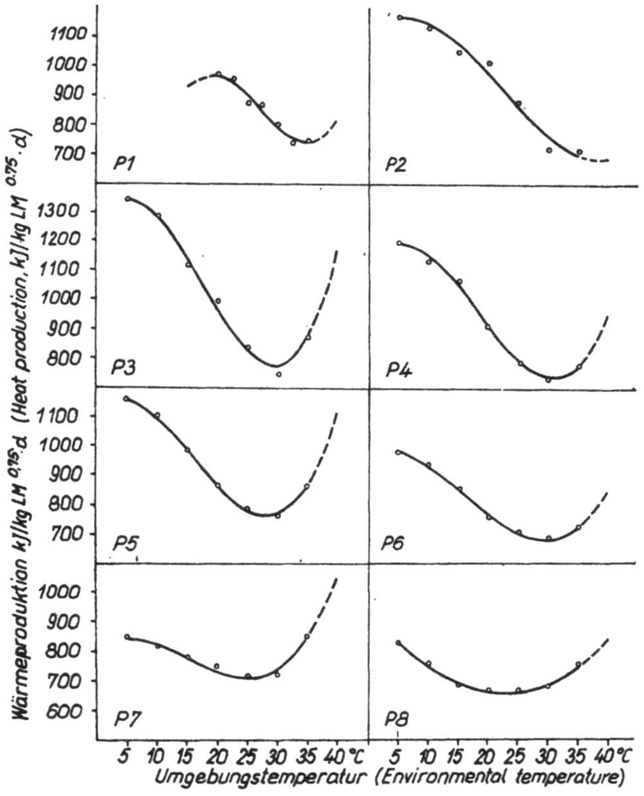

Abb. 5 (Fig. 5). Wärmeproduktion in Abhängigkeit von der Umgebungstemperatur, 20-min-Messung, Versuch 2; P = Periode

(Heat production in dependence on environmental temperature, 20 min-measurements, experiment 2; P = period).

(1) $y = -742{,}4 + 220{,}48x - 8{,}9466x^2 + 0{,}110222x^3 \pm 24$ $B = 0{,}954$
(2) $y = 1097{,}1 + 21{,}73x - 1{,}9752x^2 + 0{,}029333x^3 \pm 41$ $B = 0{,}976$
(3) $y = 1249{,}7 + 37{,}24x - 4{,}1395x^2 + 0{,}078889x^3 \pm 28$ $B = 0{,}993$
(4) $y = 1112{,}1 + 29{,}01x - 3{,}0895x^2 + 0{,}056667x^3 \pm 16$ $B = 0{,}997$
(5) $y = 1132{,}9 + 17{,}37x - 2{,}6071x^2 + 0{,}054000x^3 \pm 6$ $B = 0{,}999$
(6) $y = 982{,}3 + 5{,}47x - 1{,}4219x^2 + 0{,}030000x^3 \pm 10$ $B = 0{,}997$
(7) $y = 795{,}3 + 16{,}44x - 1{,}7105x^2 + 0{,}036444x^3 \pm 14$ $B = 0{,}969$
(8) $y = 926{,}9 - 21{,}93x + 0{,}3724x^2 + 0{,}003111x^3 \pm 12$ $B = 0{,}982$

y = Wärmeproduktion, kJ/kg $LM^{0,75} \cdot d$
x = Umgebungstemperatur, °C

wobei durch engere Temperaturabstufungen in der Nähe der kritischen Temperatur und Erweiterung des Meßbereichs auf 40 °C sicherere Feststellungen zu dieser theoretisch wichtigen Frage hätten getroffen werden können. Für weitere Untersuchungen ist das zu berücksichtigen. Die durch Polynome 3. Grades erreichte Anpassung an die Meßwerte der 1. bis 8. Periode ist der Abb. 5 zu entnehmen. Die entsprechenden Regressionsgleichungen sind nachfolgend in der Reihenfolge der Perioden 1 bis 8 aufgeführt.

Gegenüber der Anpassung von quadratischen Gleichungen, die Parabeln ausdrücken, wird mit Polynomen 3. Grades vorteilhaft die degressive Zunahme der Wärmeproduktion bei tiefen Temperaturen, die in fast allen Perioden erkennbar ist und sich auf allen Altersstufen (4, 10, 21, 32 u. 56 Tage) in den analogen grafischen Darstellungen von WINKLER (1973) dokumentiert, mathematisch beschrieben. Danach erscheint die Anpassung einer Parabel an Meßwerte der Wärmeproduktion in Abhängigkeit zur Umgebungstemperatur nur in einem abgegrenzten Temperaturbereich, der jeweils zu definieren ist, möglich. Der Begriff „parabelförmig" muß weitergefaßt verstanden werden, als es die strenge mathematische Beschreibung einer Parabel beinhaltet. Die wichtigste Aussage, die mit der parabelförmigen Abhängigkeit der Wärmeproduktion von der Umgebungstemperatur verknüpft ist, ist die, daß keine thermoneutrale Zone existiert und daß die Veränderungen der Wärmeproduktion in der Nähe der thermisch neutralen Temperatur nicht linear verlaufen. Physiologisch plausible Interpretationen für dieses Verhalten sind von NICHELMANN u. LYHS (1976) gegeben worden.

Im Gegensatz zur diskutierten Art der Abhängigkeit der Wärmeproduktion von der Temperatur bis zum Alter von 7 bis 8 Wochen ist für ältere Tiere mehr eine Zone der Thermoneutralität ausgebildet, die durch den Temperaturbereich 15–30 °C einzugrenzen ist. Parabelförmige Abhängigkeit der Wärmeproduktion und damit Thermoneutralität nur in einem Temperaturpunkt und Ausbildung einer thermoneutralen Zone sind somit innerhalb einer Tierart oder Tierkategorie nicht alternativ zu betrachten. Nach unseren Untersuchungen wird die thermisch neutrale Temperatur, die für Küken bis zum Alter von 7–8 Wochen existent ist, im weiteren Wachstumsverlauf zur thermoneutralen Zone erweitert. Die mit 2 Broilern im Alter von 14 Wochen durchgeführten Messungen zum Verhalten der Wärmeproduktion in einem Temperaturbereich von 10 bis 30 °C (s. 2. Mitt., HOFFMANN u. KLEIN, 1987) bestätigen diese Auffassung.

Wie die Ergebnisse der Untersuchungen zeigen, ist gerade in dem Altersabschnitt der industriemäßigen Broilerproduktion die Abhängigkeit des Energieumsatzes von der Umgebungstemperatur besonders hoch. In Tab. 12 ist noch einmal die relative Erhöhung der Wärmeproduktion aus den 20-min-Messungen – ausgehend von der Temperatur der minimalen Wärmeproduktion bis zum Temperaturabfall auf 5 °C – angegeben, die diese Aussage deutlich macht.

In den ersten 3 Wochen traten Umsatzsteigerungen zwischen 60 und 80 % ein, wenn die Umgebungstemperatur von 35 bzw. 30 °C auf 5 °C erniedrigt würde; in der 7. Lebenswoche war die Wärmeproduktion immer noch um mehr als 40 % erhöht. Nach WINKLER (1973) steigerten 4 Tage alte Broilerküken bei 10 °C gegenüber der thermisch neutralen Temperatur die Wärmeproduktion um 100 %, 56 Tage alte Küken um 50 %. 10 Tage alte Küken von Legehybriden erhöhten ihre Wärmeproduktion bei 5 °C gegenüber der thermischen Neutraltemperatur um 121 %, 40 Tage alte dage-

Tabelle 12 (Table 12)
Relative Erhöhung der Wärmeproduktion
(Relative increase of heat production)

Alter (Age) Tage (Days)	Temp.-Abschnitt (Temperature range) °C	Erhöhung der Wärmeproduktion (Increase of heat production) %
16 (2. Periode) (2. period)	35–5	54
23	30–5	80
30	30–5	63
37	30–5	52
44	30–5	43
58	25–5	18
65	25–5	24
72	25–5	10
79	30–5	23
86	25–5	21

gen nur noch um 52 % (NICHELMANN u. a., 1983). Aus den Gleichungen (1) bis (8) wurden über die 1. Ableitung die Umgebungstemperaturen ermittelt, bei denen die Wärmeproduktion ein Minimum durchläuft. Die Temperatur bei minimaler Wärmeproduktion wird als kritische Temperatur – liegt eine thermoneutrale Zone vor, sind zwei kritische Temperaturen zu unterscheiden, die untere und die obere kritische Temperatur – oder als thermisch neutrale Temperatur (NICHELMANN u. a., 1984 b) bezeichnet. Die so aus den 8 Gleichungen, die 8 Altersstufen entsprechen, berechneten Temperaturwerte (s. Tab. 13) zeigen sehr klar die Altersabhängigkeit der kritischen Temperatur, wobei sich gewisse Schwankungen im Verlauf der Tierentwicklung abzeichnen, denen wir keine biologische Bedeutung beimessen und die die natürliche Variation in Tierversuchen widerspiegeln.

Der Umstand, daß für jede Temperaturstufe jeweils nur ein einzelner Meßwert vorliegt und daß die Temperaturstufen mit 5 °C für die polynomiale Ableitung der kritischen Temperatur zu groß gewählt sind, macht die hohe Variation verständlich. Unter Berücksichtigung der Ergebnisse der 24h-Messungen (s. Tab. 10 u. Abb. 3) werden die in Tab. 13 in der 3. Spalte stehenden ausgeglichenen und abgerundeten Temperaturwerte als repräsentativ für die Untersuchungen insgesamt angesehen. Die vergleichend dazu in Tab. 13 mit aufgeführten Literaturdaten zur kritischen Temperatur, die sich auf praxisnahe Bedingungen bei ad-libitum-Fütterung beziehen, sind mit den eigenen Ergebnissen sehr gut vergleichbar; das trifft insbesondere für die Angaben von WINKLER (1973) zu. Weitere an Hühnern vorgenommene Messungen zur kritischen Temperatur (BAROTT u. PRINGLE, 1946; ROMIJN u. LOKHORST, 1961; PEGELMANN (1963)) sind für vergleichende Betrachtungen wenig geeignet, weil sie von Grundumsatzbedingungen ausgehen.

Schlußfolgernd aus den Ableitungen zur kritischen Temperatur ergibt sich, daß in weiteren Untersuchungen zu ihrer Präzisierung die Temperaturstufen enger als 5 °C gewählt werden müssen. Der Temperaturbereich, in dem die enge Temperaturabstufung zu erfolgen hat, kann aufgrund der vorliegenden Ergebnisse sehr präzise abgesteckt werden.

Tabelle 13 (Table 13)

Kritische Temperaturen (T_k) von Küken

(Critical temperatures [T_k] of chickens)

Broilerküken (Broiler chickens)									Küken der Legerichtung (Chickens of laying line)			
eigene Untersuchungen (Own investigations)			WINKLER (1973)		FREEMAN (1963)		MELTZER (1983)		MELTZER u. a. (1982)		NICHELMANN u. a. (1983)	
Alter (Age) d	T'_k °C	T_k °C	Alter (Age) d	T_k °C	Alter (Age) d	T_k °C	Alter (Age) d	T_k °C	Alter (Age) d	T_k °C	Alter (Age) d	T_k °C
			4	35			0	35,0	3	35,0		
9	35,1	35	10	35	7	35	7	32,0	7	33,0	10	31
16	38,5	35					14	29,5	14	31,0		
23	29,7	30	21	30	21	29	21	27,5	21	29,0	20	30
30	30,8	30	32	30	30	27	28	26,0	28	27,5		
37	28,4	30					35	24,5	35	26,0		
44	29,5	30					42	23,5	42	24,5	40	30
51	25,4	25					49	23,0	49	23,0		
58	22,9	25	56	25			56	23,0	56	22,5		

* T'_k = Funktionswert (function value)

Zusammenfassung

In 2 Versuchen mit Broilerküken, Herkunft Tetra B, wurde, beginnend mit dem 5. Lebenstag, die Wärmeproduktion indirekt über den Gaswechsel sowohl über 24 h als auch in 20 Minuten dauernden Abschnitten in Abhängigkeit von der Umgebungstemperatur gemessen. Die Küken, in 2×2 Gruppen geschlechtergetrennt aufgeteilt, wurden während der 8 bzw. 11 wöchigen Versuchsdauer durchgängig in einer zur Respirationskammer umgebauten Klimakammer gehalten. Die maximale Temperaturvariation lag zwischen 5 und 35 °C. In den jeweils 4 Tage dauernden Perioden der 24 h-Messungen wurde die Umgebungstemperatur in Stufen von 5 °C von Tag zu Tag geändert.

Die Wärmeproduktion wurde vom Alter der Küken, der Energieeinnahme und der Umgebungstemperatur beeinflußt. Die Meßergebnisse bei jeweils gleichem Alter und gleich hoher Energieeinnahme und einer Temperaturvariation zwischen 5 und 35 °C lassen sich bis zur 8. Lebenswoche durch Polynome 3. Grades gut beschreiben.

Die thermoregulatorisch bedingte Wärmeproduktion je 1 °C unterhalb der kritischen Temperatur nahm mit dem Älterwerden der Küken ab. Sie lag in den ersten Lebenswochen bei 20 kJ, in der 6.–7. Lebenswoche bei 10–15 kJ und erniedrigte sich bis auf 4–5 kJ/kg $LM^{0,75}$ · d · °C. Ausgehend von der Temperatur der minimalen Wärmeproduktion erhöhte sich zwischen dem 16. und 30. Lebenstag die Wärmeproduktion der Küken bei 5 °C Umgebungstemperatur auf 60–80 %, bei Küken älter als 7 Wochen war der Stoffwechsel nur noch etwa um 20 % erhöht. Als kritische Temperaturen wurden für die ersten 2 Lebenswochen 35 °C, für die 3. bis 6. Lebenswoche 30 °C und für die 7. und 8. Lebenswoche 25 °C ermittelt.

Резюме

Л. Хоффманн

Влияние параметров питания и содержания на теплопродукцию крыс и птиц-бройлеров. 1-ое сообщ.: Теплопрдукция растущих цыплят-бройлеров при содержании в группах в зависимости от окружающей температуры

Проводились 2 опыта на цыплятах-бройлерах происхождения „Тетра В“, где определилась теплопрдукция непрямо путём газового обмена с 5-ого дня жизни в течение 24 час. и путём периодов от 20 минут в зависимости от окружающей температуры. После определения пола содержались цыплята в 2×2 группах раздельнополо во время 8 или 11 недель без перерыв в респирационной камере, которую перестроили из климатической камеры. Максимальная вариация температуры была от 5 до 35 °C. Проводились 24-часовые периоды измерения в течение 4 дней, где окружающая температура изменилась день за днём по 5 °C.

Возраст цыплят, потребление энергии и окружающая температура имели влияние на теплопродукцию. С помощью полиномов третьей степени хорошо описываются до 8-ой недели жизни результаты измерения при одинаковом возрасте и равном введении энергии и при вариации температуры от 5 до 35 °C.

Терморегуляторная теплопрдукция на каждый 1 °C ниже критической температуры снизилась с дальнейшим возрастом цыплят. Она находилась в первые недели жизни при 20 кДж, от 6-ой по 7-ой недели жизни при 10–15 кДж и снизилась до 4–5 кДж/кг ЖМ$^{0.75}$ · d · °C.

Исходя от температуры минимальной теплопродукции цыплят повысилась теплопродукция между 16-ым и 30-ым днём жизни при 5 °C окружающей температуры до 60–80 %, а если цыплята были старше 7 недель, тогда обмен веществ повысился только на 20 %.

Критическая температура была 35 °C для первых двух недель, 30 °C для периода от 3-ей по 6-ой неделям и 25 °C во время 6-ой и 7-ой недель.

Summary

L. HOFFMANN

Effects of factors of nutrition and keeping on the heat production of rats and broilers. 1. Heat production in dependence on ambient temperature of young broiler chickens kept in groups

In 2 experiments with young broiler chickens, origin Tetra B, heat production was measured in dependence on ambient temperature indirectly and with the gas exchange both over 24 h and in 20-minute periods beginning on their 5th day of live. The chickens, divided into 2×2 groups according to sex, were constantly kept in a climatic chamber changed in to a respiration chamber during the 8- or 11-week-long experiments. The maximum variation of the temperature was between 5 and 35 °C. In the periods of 24-h measurements over 4 days each, the ambient temperature was changed from day to day in steps of 5 °C.

Heat production was influenced by the age of the chickens, energy intake and ambient temperature. The results of the measurements at the same age and the same energy intake and a temperature variation between 5 and 35 °C can well be described by polynomes of the 3rd degree up to the 8th week of live.

The thermoregulatory conditioned heat production per 1 °C below the critical temperature decreased with the age of the chickens. In the first few weeks of life it was 20 kJ, in the 6th and 7th weeks of life 10–15 kJ and then decreased to 4–5 kJ/kg life weight$^{0.75}$ · d · °C. Based on the temperature of minimal heat production, the heat production of 16- to 30-day-old chickens increased to 60–80 % at an ambient temperature of 5 °C; the metabolism of chickens older than 7 weeks was only increased by about 20 %. For the first 2 weeks 35 °C were ascertained as critical temperature, for the 3rd to 6th weeks 30 °C and for the 7th and 8th weeks 25 °C

Literaturverzeichnis

[1] BAROTT, H. G. und E. M. PRINGLE: J. Nutritt **31**, 35 (1946)
[2] BLAXTER, K. L.: Brit. J. Nutrit. **16**, 615 (1962)
[3] CAREW, L. B., R. H. MACHENNER, R. W. SHARP und D. C. FOSS: Poult. Sci. **51**, 738 (1972)
[4] CHUDY, A.: Zur energetischen Verwertung der Nähr- und Futterstoffe für Erhaltung und Fettbildung – Modellversuche an Ratten. Diss. (Prom. A) Akad. Landw.-Wiss. DDR (1967)
[5] FARELL, D. J. und S. SWAIN: Brit. Poult. Sci. **18**, 735 (1977b)

[6] FARELL, D. J. und S. SWAIN: Brit. Poult. Sci. **18**, 725 (1977a)
[7] FREEMAN, B. M.: Brit. Poult. Sci. **4**, 275 (1963)
[8] GELINEO, S.: In: Handbook of Physiology, Section 4: Adaptation to the environment, S. 259, Washington (1964)
[9] GRAHAM, N. McC.: Austr. J. Agric. Res. **15**, 113 (1964)
[10] HARTFIEL, W.: Chemische Untersuchungen bei Stoffwechselversuchen mit Hühnern. Habil.-Schrift, Univ. Bonn, 126. S. (1963)
[11] HELLBERG, A.: Metabolism of rabbits at different planes of nutrition. Diss. Uppsala (1949)
[12] HOFFMANN, L. und M. KLEIN: Arch. Tierernähr. **32**, 69 (1982)
[13] HOFFMANN, L. und M. KLEIN: Arch. Tierernähr. **37**, H. 5 (1987)
[14] HOFFMANN, L., M. KLEIN und R. SCHIEMANN: Arch. Tierernähr. **32**, 305 (1982)
[15] HOFFMANN, L. und R. SCHIEMANN: Arch. Tierernähr. **30**, 733 (1980)
[16] HOFFMANN, M., W. SCHMIEDINGHOFF und H. BERGER: Arch. Tierernähr. **24**, 57 (1974)
[17] KAMPEN, VAN, M., B. W. MITCHELL und H. S. SIEGEL: J. Agric. Sci. **91**, 219 (1979)
[18] MACLEOD, M. D., S. G. TULLETT und T. R. JEWITT: In: Energy metabolism. Hrsg.: L. E. MOUNT. Butterworth, London–Boston, S. 257 (1981)
[19] MARSTON, H. R.: Austr. J. Sci. Res., Series B, **1**, 93 (1948)
[20] MELTZER, A.: Brit. Poult. Sci. **24**, 471 (1983)
[21] MELTZER, A., G. GOODMAN und J. FISTOOL: Brit. Poult. Sci. **23**, 383 (1982)
[22] MISSON, B. H.: J. Agric. Sci. **86**, 35 (1976)
[23] NICHELMANN, M.: Arch. exper. Vet.med. **38**, 366 (1984a)
[24] NICHELMANN, M.: Arch. exper. Vet.med. **38**, 419 (1984b)
[25] NICHELMANN, M., S. ELLERKAMP, I. HERNTRICH und L. LYHS: Mh. Vet.-Med. **31**, 213 (1976a)
[26] NICHELMANN, M., B. HEWALD und B. GRUNE: Arch. exper. Vet.-med. **37**, 341 (1983)
[27] NICHELMANN, M., S. KOCH, I. MICHLER, L. LYHS und C. GROSSKOPF: Mh. Vet.-Med. **31**, 773 (1976b)
[28] NICHELMANN, M. und L. LYHS: Mh. Vet.-Med. **31**, 546 (1976)
[29] NICHELMANN, M., E. THOMAS und L. LYHS: Mh. Vet. Med. **29**, 656 (1974)
[30] PEGELMANN, S.: Izvest. Akad. nauk. Estonskoj SSR, serija biolog., Nr. **2**, 148 (1963)
[31] ROMIJN, C. und W. LOKHORST: Tschr. diergeneesk. **86**, 153 (1961)
[32] WINKLER, G.: Zum Wärmehaushalt des Broilers. Diss. (Prom. A), Humboldt-Univ. Berlin (1973)
[33] WITTENBURG, H. und A. CHUDY: Arch. Geflügelzucht und Kleintierkunde **16**, 221 (1967)
[34] ZELENKA, J.: Acta Univ. Agric. Fac. Agr., Brno, **21**, 125 (1973)

Der Autor dankt allen Mitarbeitern der Abteilung Energieforschung, die an der technischen Durchführung und Auswertung der Versuche beteiligt waren.
Aus dem Kreis dieser Mitarbeiter seien besonders genannt: UTA BOCK, RENATE BROSE, EVELYN LIPPASSON und BRIGITTE NICIEJEWSKI.

Eingegangen: 21. August 1985

Anschrift des Autors:

Dr. habil. L. HOFFMANN
Forschungszentrum für Tierproduktion Dummerstorf-Rostock.
Bereich Tierernährung „Oskar Kellner“
Justus-von-Liebig-Weg 1
Fach-Nr. 2701 + 2702
Rostock
2500
DDR

Arch. Anim. Nutr., Berlin 37 (1987) 3, 215–226

Sektion Tierproduktion der Wilhelm-Pieck-Universität Rostock,
Wissenschaftsbereich Tierernährung
(Leiter: Prof. Dr. sc. agr. S. POPPE)[2]
Instituto de Ciencia Animal Habana
(Direktor: Dr. ARABEL ELIAS)[1]

M. VALDIVIE[1] und S. POPPE[2]

Untersuchungen zur Energie- und Proteinkonzentration von Broilerrationen in Kuba

2. Mitteilung

Weibliche Broiler im Winter

1. Einleitung

Die vorliegenden Untersuchungen wurden mit weiblichen Broilern der Rasse *White Plymouth Rock* durchgeführt, um die günstigsten Energie- und Proteinkonzentrationen der Rationen für diese Tiere unter den klimatischen Bedingungen des kubanischen Winters zu ermitteln. Gleichzeitig sollten Unterschiede im Verhalten beider Geschlechter dieser Rasse unter gleichen Fütterungsbedingungen in der gleichen Jahreszeit bestimmt werden.

2. Material und Methoden

Insgesamt standen 1900 weibliche Broiler der Rasse *White Plymouth Rock* für den Versuch zur Verfügung, die ab 15. Lebenstag den Klimaeinflüssen ausgesetzt waren, wie sie in Abb. 1 und 2 dargestellt sind.

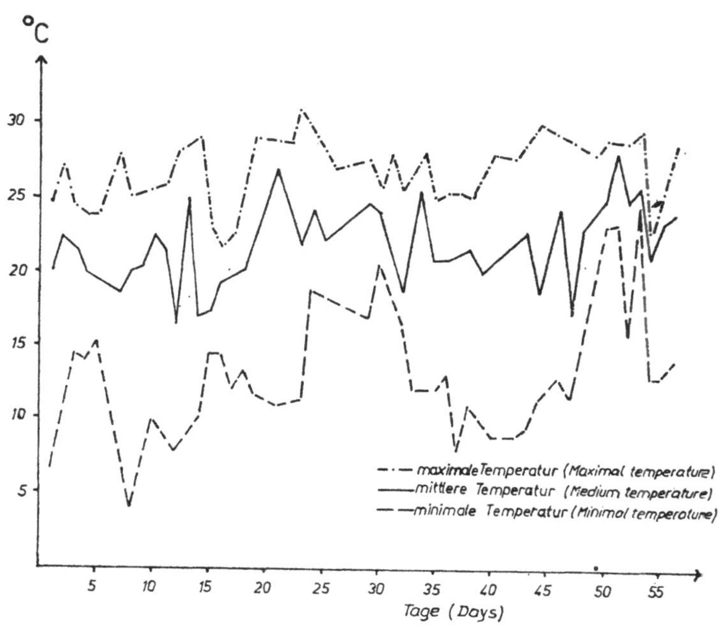

Abb. 1 (Fig. 1). Lufttemperatur (Air temperature).

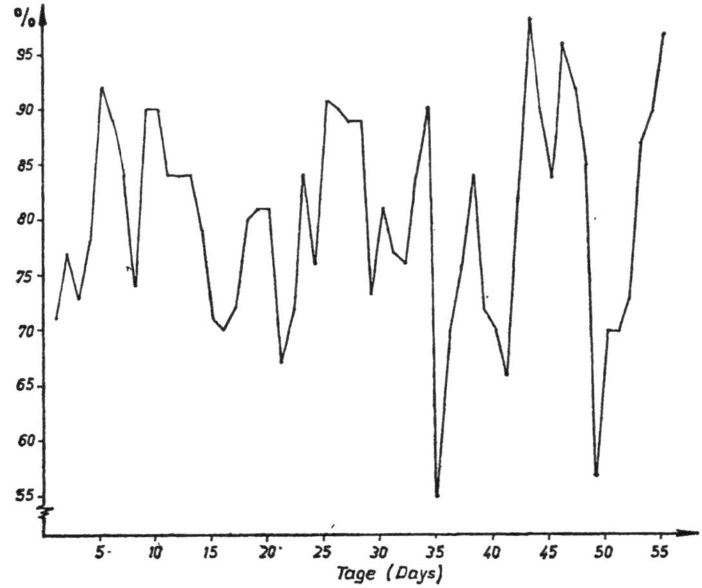

Abb. 2 (Fig. 2). Relative Luftfeuchtigkeit (Relative humidity).

Die Broiler wurden in 16 Versuchsgruppen eingeteilt. Es kamen vier Energiekonzentrationen (10,5; 11,5; 12,6 und 13,6 MJ umsetzbare Energie (UE)) bei jeweils 4 unterschiedlichen Rohproteinstufen (15,0; 17,5; 20,0 und 22,5 % RP) zur Prüfung. Dabei wurde in den isonitrogenen Rationen die Energiekonzentration durch den Zusatz von Reiskleie reduziert.

Es wurden in diesem Versuch methodisch genauso verfahren, wie das bereits in der ersten Mitteilung (VALDIVIE u. a., 1986) beschrieben wurde.

3. Versuchsergebnisse

3.1. Gesundheitszustand

Die Tiere zeigten während des Versuches keinerlei Krankheitssymptome. Tierverluste traten während des Versuches kaum auf. Lediglich in den ersten 5 Versuchstagen traten Verluste zwischen 0 und 2 Tieren je Gruppe auf.

Die Tiere der Versuchsgruppen mit 13,6 MJ UE und 15 % RP und mit 10,5 MJ UE und 17,5 % RP zeigten in diesem Versuch keine so starke Verminderung der Futteraufnahme wie im ersten Experiment. Die Tiere wurden deshalb im Versuch belassen, obwohl bei der Gruppe mit 13,6 MJ UE und 15 % RP eine ungenügende Befiederung zu verzeichnen war.

3.2. Futterverzehr

Die Mittelwerte für den Futterverzehr im gesamten Versuch sind in der Tab. 1 dargestellt.

Wie aus der Tab. 1 zu ersehen ist, werden von 10 Versuchsgruppen höhere Futterauf-

Tabelle 1 (Table 1)
Futterverzehr vom 1.–56. Lebenstag (g/Tier)
(Feed intake from the 1st to 56th day of life, g/animal)

UE (ME) (MJ)	Rohprotein (Crude protein), % 15	17,5	20	22,5
10,5	3653 *bcd*	3465 *a*	3594 *abc*	3725 *cd*
11,5	3795 *d*	3796 *d*	3791 *d*	3811 *d*
12,6	3661 *bcd*	3642 *bcd*	3792 *d*	3706 *cd*
13,6	3536 *ab*	3584 *abc*	3561 *abc*	3455 *a*
	$SE \pm 51$	$P < 0{,}05$		

nahmen realisiert. Es sind diese die Gruppen des Energieniveaus von 11,5 und 12,6 MJ UE und die Gruppen des Energieniveaus von 10,5 MJ UE mit 15 bzw. 22,5 % RP. Sie weisen untereinander keine signifikanten Differenzen auf. Die übrigen vier Versuchsgruppen weisen einen signifikanten niedrigeren Futterverzehr auf.

3.3. Energieaufnahme

Im gesamten Versuch wird deutlich, daß mit schrittweiser Steigerung der Energiekonzentration der Rationen die Energieaufnahme ebenfalls ansteigt. Die entsprechenden Werte für den Gesamtversuch sind in Tab. 2 dargestellt.

Tabelle 2 (Table 2)
Energieaufnahme vom 1.–56. Lebendtag (MJ UE/Tier)
(Energy intake from the 1st to 56th day of life, MJ ME/animal)

UE (ME) (MJ)	Rohprotein (Crude protein), % 15	17,5	20	22,5
10,5	38,24 *gh*	36,18 *h*	38,99 *gh*	38,99 *g*
11,5	43,69 *ef*	43,21 *f*	43,65 *ef*	43,87 *ef*
12,6	45,98 *cd*	45,75 *de*	47,63*bcd*	46,53 *bcd*
13,6	48,11 *abc*	49,77 *a*	48,46 *ab*	47,02 *bcd*
	$SE \pm 0{,}61$	$P < 0{,}05$		

3.4. Rohproteinaufnahme

In Tab. 3 ist die Rohproteinaufnahme der Versuchstiere für den Gesamtversuch dargestellt.

Im Gesamtversuch steigt innerhalb der einzelnen Energieniveaus mit steigendem RP-Gehalt der Ration auch der Rohproteinverzehr der Broiler an.

Aus den aufgeführten Tab. 1–3 sind die Interaktionen zwischen Energiekonzentration und Rohproteingehalt der Rationen auf den Proteinverzehr der Broiler zu erkennen.

Tabelle 3 (Table 3)
Rohproteinaufnahme vom 1.–56. Lebenstag (g/Tier) (Crude protein intake from the 1st to 56th day of life, g/animal)

UE (ME) (MJ)	Rohprotein (Crude protein), % 15	17,5	20	22,5
10,5	547 *ab*	610 *c*	718 *e*	838 *g*
11,5	570 *b*	664 *d*	758 *f*	857 *g*
12,6	549 *ab*	637 *c*	759 *f*	834 *g*
13,6	531 *a*	627 *c*	712 *e*	778 *f*
	$SE \pm 9$	$P < 0{,}01$		

3.5. Lebendmasse und Lebendmassezunahme

In Tab. 4 sind die mittleren Lebendmassen der Versuchstiere am 28. Lebenstag dargestellt.

Tabelle 4 (Table 4)
Lebendmasse am 28. Lebenstag (g/Tier) (Live weight at the 28th day of life, g/animal)

UE (ME) (MJ)	Rohprotein (Crude protein), % 15	17,5	20	22,5
10,5	412 *a*	445 *b*	466 *b*	546 *de*
11,5	459 *b*	505 *c*	551 *def*	556 *ef*
12,6	455 *b*	539 *de*	567 *f*	536 *de*
13,6	474 *b*	539 *de*	532 *cde*	535 *de*
	$SE \pm 10$	$P < 0{,}001$		

Bei den Rationen mit einer Energiekonzentration von 10,5 MJ UE wurden 22,5 % RP für die höchsten Lebendmassen benötigt. Bei den Rationen mit 11,5 MJ UE wurden höchste Lebendmassen mit 20 bzw. 22,5 % RP erreicht. Beim Energieniveau von 12,6 MJ UE mit 20 % RP wurden die höchsten Lebendmassen durch die weiblichen Broiler im Winter erreicht. Ebenfalls wurden vor den Gruppen dieses Energieniveaus mit 17,5 bzw. 22,5 % RP akzeptable Lebendmassen erreicht. Beim höchsten Energieniveau wurden bei den Gruppen mit 17,5; 20 bzw. 22,5 % RP gute Lebendmassen ermittelt.

Insgesamt kann festgestellt werden, daß die weiblichen Broiler im ersten Mastabschnitt während des „*kubanischen Winters*" mit geringeren Proteinkonzentrationen als die männlichen Broiler akzeptable Lebendmassen erreichen. Es deutet sich die Möglichkeit an, das maximale Wachstum bei weiblichen Broilern im ersten Mastabschnitt mit Energiekonzentrationen der Rationen zwischen 11,5 und 12,6 MJ UE zu erreichen, weil beim höchsten Energieniveau keine Steigerung der Lebendmassen erreicht werden konnte.

Die im 2. Mastabschnitt erreichten Lebendmassezunahmen sind in Tab. 5 dargestellt.

Tabelle 5 (Table 5)
Lebendmassezunahme vom 29.–56. Lebenstag (g/Tier) (Weight gain from the 29th to 56th day of life, g/animal)

UE (ME) (MJ)	Rohprotein (Crude protein), % 15	17,5	20	22,5
10,5	884 *bcd*	861 *ab*	916 *cdef*	894 *bcde*
11,5	908 *bcdef*	891 *bcde*	916 *cdef*	900 *bcde*
12,6	878 *bc*	910 *bcdef*	908 *bcde*	952 *f*
13,6	827 *a*	931 *def*	942 *ef*	930 *def*
	$SE \pm 15$	$P < 0{,}001$		

Wie aus Tab. 5 zu ersehen ist, werden die höchsten Zunahmen bei den Energieniveaus 12,6 und 13,6 MJ UE mit 17,5; 20 bzw. 22,5 % RP und bei den Rationen mit 10,5 und 11,5 MJ UE bei 20 % RP erreicht. Das bestätigt die Auffassung, daß es bei weiblichen Broilern möglich ist, mit niedrigeren Proteinniveaus in den Rationen auszukommen als bei den männlichen Broilern in dieser Jahreszeit. Es zeigt sich auch, daß es nicht notwendig ist, um hohe Zunahmen im 2. Mastabschnitt zu erreichen, einschließlich der Proteinstufe 17,5 %, das Energieniveau über 12,6 MJ UE zu erhöhen.

In Tab. 6 sind die Lebendmassen der Versuchstiere am Versuchsende dargestellt.

Tabelle 6 (Table 6)
Lebendmasse am 56. Lebenstag (g/Tier) (Live weight at the 56th day of life, g/animal)

UE (ME) (MJ)	Rohprotein (Crude protein), % 15	17,5	20	22,5
10,5	1296 *a*	1306 *a*	1381 *bcd*	1429 *df*
11,5	1368 *bc*	1396 *cd*	1469 *fg*	1456 *fg*
12,6	1333 *db*	1450 *fg*	1484 *fg*	1488 *g*
13,6	1306 *a*	1454 *fg*	1470 *fg*	1464 *fg*
	$SE \pm 17$	$P < 0{,}01$		

Aus Tab. 6 ist zu ersehen, daß es möglich ist, ein maximales Wachstum (Lebendmasse) in der Mast bei einer einphasischen Fütterung zu erreichen, wenn folgende Kombinationen zur Anwendung kommen:

10,5 MJ UE mit 22,4 % RP
11,5 MJ UE mit 20 bis 22,5 % RP
12,6 MJ UE mit 17,5 bis 22,5 % RP
13,6 MJ UE mit 17,5 bis 22,5 % RP

Insgesamt kann festgestellt werden, daß im Winter von den männlichen Broilern höhere Lebendmassen als von den weiblichen Broilern erreicht werden.

3.6. Futteraufwand

In Tab. 7 sind die mittleren Futteraufwandszahlen für die einzelnen Versuchsgruppen im gesamten Mastabschnitt dargestellt.

Tabelle 7 (Table 7)
Futteraufwand vom 1.–56. Lebenstag (kg Futter/kg Zunahme) (Feed efficiency from the 1st to 56th day of life, kg feed/kg gain)

UE (ME) (MJ)	Rohprotein (Crude protein), % 15	17,5	20	22,5
10,5	2,90	2,68	2,62	2,65
11,5	2,82	2,83	2,65	2,68
12,6	2,83	2,57	2,63	2,57
13,6	2,80	2,55	2,48	2,42

Wie aus Tab. 7 zu ersehen ist, wird mit dem höchsten Energieniveau immer der niedrigste Futteraufwand erreicht, im Mittel mit 2,56; zwischen den einzelnen Energieniveaus bestehen keine signifikanten Unterschiede. Betrachtet man die Proteinniveaus, so ist der höchste Futteraufwand bei 15 % RP mit 2,90 zu finden, während sich die Proteinniveaus von 22,5 und 20,0 % RP mit einem Futteraufwand von 2,58 bzw. 2,60 nicht unterscheiden. Ein mittlerer Futteraufwand wird bei 17,5 % RP mit 2,66 gefunden, der sich nicht signifikant vom Futteraufwand bei 20 % RP unterscheidet.

3.7. Schlachtmassenausbeute und Abdominalfett

In Tab. 8 ist die Schlachtmassenausbeute am Versuchsende dargestellt.

Tabelle 8 (Table 8)
Schlachtmassenausbeute am 56. Lebenstag (%)
(Carcass yield at the 56th day of life [%])

UE (ME) (MJ)	Rohprotein (Crude protein), % 15	17,5	20	22,5
10,5	69,4 *b*	70,2 *ab*	70,5 *ab*	71,2 *a*
11,5	70,3 *ab*	70,4 *ab*	70,5 *ab*	70,9 *ab*
12,6	70,3 *ab*	70,6 *ab*	71,3 *a*	71,0 *a*
13,6	70,6 *ab*	71,2 *a*	70,8 *ab*	71,1 *a*

$SE \pm 0{,}5$ $P < 0{,}05$

Die Schlachtmassenausbeute schwankte am Versuchsende zwischen 69,4 und 71,3 %. Nur bei der Gruppe mit 10,5 MJ UE und 15 % RP wurde ein Wert mit 69,4 % gefunden, der sich signifikant von den 5 Gruppen unterscheidet, deren Mittelwerte zwischen 71,0 und 71,3 % schwanken. Zwischen den übrigen Versuchsgruppen treten keine signifikanten Differenzen auf. Die Schlachtmassenausbeute schwankte bei den männlichen Tieren zwischen 69,4 und 72,3 % und wies eine ähnliche Streuung wie bei den weiblichen Tieren auf, so daß zwischen männlichen und weiblichen Tieren keine nennswerten Differenzen auftraten.

In Tab. 9 sind die Mittelwerte der Abdominalfettmengen dargestellt.

Tabelle 9 (Table 9)
Abdominalfett am 56. Lebenstag (g/Tier)
(Abdominal fat at the 56th day of life, g/animal)

UE (ME) (MJ)	Rohprotein (Crude protein), % 15	17,5	20	22,5
10,5	19,4 *f*	20,3 *ef*	20,1 *ef*	19,0 *f*
11,5	38,0 *ab*	38,2 *ab*	28,3 *cdef*	27,2 *cdef*
12,6	32,5 *bcd*	31,3 *abcd*	34,0 *abc*	25,6 *def*
13,6	39,3 *ab*	40,0 *a*	29,2 *cde*	27,1 *cdef*
	$SE \pm 2,7$	$P < 0,05$		

Die niedrigsten Abdominalfettmengen (zwischen 19,0 und 20,3 g/Tier) wurden bei den vier Gruppen des niedrigsten Energieniveaus (10,5 MJ UE) gefunden. Ebenso wurden in der Proteinstufe mit 22,5 % RP niedrige Abdominalfettmengen (zwischen 25,6 und 27,2 g) außer der Gruppe mit 10,5 MJ UE gefunden.

Zwischen diesen genannten Gruppen und der Gruppe 11,5 MJ UE und 20 % RP treten keinen signifikanten Differenzen auf.

Hohe Abdominalfettmengen (zwischen 31,3 und 40,0 g/Tier) sind in den Energieniveaus 11,5; 12,6 und 13,6 MJ UE/kg bei den niedrigsten Proteinstufen mit 15 und 17,5 % RP zu finden, als auch in der Gruppe mit 12,6 MJ UE und 20 % RP. Diese Ergebnisse zeigen, daß die weiblichen Broiler im Winter, wenn sie Rationen mit niedriger Energiekonzentration oder hoher Proteinkonzentration erhalten, deutlich die Abdominalfettmengen vermindert. Im Gegensatz dazu werden bei niedrigen Proteinstufen (15 und 17,5 %) kombiniert mit Energieniveaus von 11,5 oder mehr MJ UE/kg große Abdominalfettmengen produziert.

3.8. Körperprotein

Die Körperproteinmengen am Versuchsende sind in Tab. 10 dargestellt.

Tabelle 10 (Table 10)
Körperproteinmengen, am 56. Lebenstag (g/Tier)
(Amount of body protein at the 56th day of life, g/animal)

UE (ME) (MJ)	Rohprotein (Crude protein), % 15	17,5	20	22,5
10,5	227 *fg*	230 *fg*	244 *e*	258 *cd*
11,5	233 *fg*	250 *de*	272 *a*	265 *abc*
12,6	235 *f*	267 *ab*	274 *a*	268 *ab*
13,6	223 *g*	261 *bc*	271 *a*	267 *ab*
	$SE \pm 3$	$P < 0,05$		

Am Versuchsende schwankten die Körperproteinmengen zwischen 223 und 274 g/Tier. Die höchsten Körperproteinmengen wurden mit den Energieniveaus 11,5; 12,6 und 13,6 MJ ME bei 20 % RP in der Ration erreicht. Obwohl diese Werte sehr hoch sind, unterscheiden sie sich nicht signifikant von den Mittelwerten der Gruppen mit 22,5 %

RP und 11,5 % oder 12,6 oder 13,6 MJ UE/kg und der Gruppe mit 12,6 MJ UE. Das zeigt, daß die weiblichen Tiere im Winter, wenn sie hohe Proteinkonzentrationen (22,5 % RP) mit 11,5 oder 12,6 bzw. 13,6 MJ UE/kg erhalten, keine weiteren Proteinmengen ansetzen. Nur beim niedrigsten Energieniveau von 10,5 MJ UE konnten beim höchsten Proteinniveau (22,5 % RP) höhere Körperproteinmengen gefunden werden.

Allgemein kann festgestellt werden, daß beim niedrigen Energieniveau (10,5 MJ UE) mit steigenden Proteinkonzentrationen sich auch die Körperproteinmengen erhöhen. Bei den Gruppen die Rationen mit 11,5; 12,6 oder 13,6 MJ UE war dieser Effekt nur von 15 % RP bis 17,5 und 20 % RP festzustellen. Bei den Proteinstufen 17,5; 20 bzw. 22,5 % wurde die niedrigste Körperproteinmenge immer bei der niedrigsten Energiekonzentration (10,5 MJ UE) gefunden.

Diese Ergebnisse zeigen, daß mit einem einphasischen Fütterungsregime mit 11,5; 12,6 oder 13,6 MJ UE und 20 % RP in der Ration maximale Körperproteinmengen bei den in Kuba gehaltenen weiblichen Broilern im Winter erreicht werden können.

3.9. Proteinverwertung

Die Mittelwerte der Proteinverwertung für den gesamten Mastabschnitt sind in Tab. 11 dargestellt.

Wie aus der Tabelle zu ersehen ist, zeigt die Proteinverwertung in den einzelnen Energiestufen mit steigenden Rohproteinkonzentrationen eine Verminderung. Bei den Proteinstufen mit 20 bzw. 22,5 % RP ist die höchste Proteinverwertung bei einer Energiekonzentration von 13,6 MJ UE zu finden. In der Proteinstufe mit 17,5 % RP tritt die höchste Proteinverwertung bei den Energiekonzentrationen mit 11,5 bzw. 12,6 MJ UE auf. Das zeigt, daß bei Verfütterung von Rationen mit höherem Proteingehalt mit steigendem Proteinniveau die Verwertung des Proteins für den Proteinansatz ansteigt. Dieser Effekt kann bei der niedrigen Proteinstufe (15 % RP) nicht festgestellt werden, hier wird allgemein eine hohe Proteinverwertung erreicht.

Tabelle 11 (Table 11)
Proteinverwertung vom 1.–56. Lebenstag (%)
(Protein efficiency from the 1st to 56th day of life, %)

UE (ME) (MJ)	Rohprotein (Crude protein), % 15	17,5	20	22,5
10,5	40,4 *ab*	37,0 *c*	34,2 *d*	30,1 *e*
11,5	39,8 *b*	36,7 *c*	34,6 *d*	30,2 *e*
12,6	41,6 *a*	41,3 *a*	35,3 *d*	31,0 *e*
13,6	40,9 *ab*	40,5 *ab*	37,2 *c*	33,6 *d*

$SE \pm 0{,}7$ $P < 0{,}05$

3.9. Körperfett

In Tab. 12 sind die Körperfettmengen der Versuchstiere am Versuchsende dargestellt. Die Fettmengen variieren am Versuchsende bei den weiblichen Broilern zwischen 186 und 225 g/Tier. Die höchsten Körperfettmengen werden bei den Tieren der Gruppe mit 13,6 MJ UE und 17,5 und 20 % RP, als auch bei den Gruppen 12,6 MJ UE mit

Tabelle 12 (Table 12)
Körperfettmenge am 56. Lebenstag (g)
(Amount of body fat at the 56th day of life, g)

UE (ME) (MJ)	Rohprotein (Crude protein), % 15	17,5	20	22,5
10,5	40,4 *ab*	37,0 *c*	34,2 *d*	30,1 *e*
11,5	39,8 *b*	36,7 *c*	34,6 *d*	30,2 *e*
12,6	41,6 *a*	41,2 *a*	35,3 *d*	31,0 *e*
13,6	40,9 *ab*	40,5 *ab*	37,2 *c*	33,6 *d*

$SE \pm 0{,}7$ $P < 0{,}05$

15; 17,5 und 20 % RP gefunden. Bei Energieniveaus 10,5 MJ UE werden für jede Proteinstufe immer die niedrigsten Körperfettmengen gefunden.

Es kann auch festgestellt werden, daß innerhalb der einzelnen Energieniveaus die Körperfettmenge in der Proteinstufe 22,5 % RP signifikant am niedrigsten liegt. Lediglich beim hohen Energieniveau sind die Unterschiede zwischen den Proteinstufen 15 % und 22,5 % nicht gesichert. Es ist möglich, daß die geringeren Körperfettmengen bei 22,5 % RP in jedem Energieniveau mit einer Verminderung der Energieverwertung bei der Proteinsynthese zusammenhängen. Eine Ursache wäre eine Überlastung des Katabolismus des Proteins und eine vermehrte Synthese von Harnsäure, die sehr energieaufwendig ist.

Die Körperfettgehalte am Versuchsende schwanken zwischen 13,4 und 16,9 %. In der Tendenz vermindern sich die Körperfettgehalte mit steigendem Proteinniveau und sinkender Energiekonzentration. Es kann festgestellt werden, daß die Körperfettmengen der weiblichen Broiler im Winter geringer sind, als die der männlichen Broiler und durch einen geringen Energieverzehr realisiert werden.

3.10. Energieverwertung

In Tab. 13 ist die Energieverwertung für den gesamten Mastabschnitt dargestellt.

Tabelle 13 (Table 13)
Energieverwertung vom 1.–56. Lebenstag (%)
(Energy efficiency from the 1st to 56th day of life, %)

UE (ME) (MJ)	Rohprotein (Crude protein), % 15	17,5	20	22,5
10,5	32,9 *b*	35,6 *a*	35,0 *a*	32,7 *b*
11,5	30,7 *cd*	31,5 *bc*	32,8 *b*	30,2 *cd*
12,6	29,3 *d*	31,6 *fg*	30,6 *cd*	29,5 *d*
13,6	26,8 *e*	29,1 *d*	29,8 *cd*	29,3 *d*

$SE \pm 0{,}6$ $P < 0{,}05$

Aus Tab. 13 ist ersichtlich, daß bei allen Proteinstufen beim niedrigsten Energieniveau die höchste Energieverwertung ermittelt wurde. Es wird weiterhin deutlich, daß in den einzelnen Proteinniveaus mit Erhöhung der Energiekonzentration die Energieverwertung sinkt. Die verschiedenen Proteinkonzentrationen der Rationen zeigen keinen linearen Einfluß auf die Energieverwertung. Die höchste Energieverwertung wurde bei den Versuchsgruppen mit 10,5 MJ UE und 17,5 bzw. 20 % RP erreicht.

4. Diskussion

In den isonitrogenen Rationen, wurde mit der Erhöhung des Reiskleieanteils die Energiekonzentration reduziert, ohne daß die Tiere ihren Futterverzehr erhöhen konnten, weil die Reiskleie dies verhinderte. Werden die Ergebnisse der ersten Versuchsserie (VALDIVIE u. a., 1986), die mit männlichen Tieren durchgeführt wurden, mit den vorliegenden Ergebnissen der Versuche mit weiblichen Tieren im Winter verglichen, so kann man feststellen, daß die männlichen Tiere einen höheren Verzehr an Futter, metabolischer Energie und Rohprotein realisierten als die weiblichen Tiere. Dadurch erreichten sie eine höhere Lebendmasse eine höhere Körperfett- und Proteinmasse und eine bessere Futter-, Energie- und Proteinverwertung. Das stimmt mit Befunden von AJENJA (1964), RICHARD und ROUVIER (1969), SUMMERS et al. (1972), FARREL et. al. (1973), FISHER (1980), BROADBENT et al. (1981), MIRCHEVA und SURDZHIESKA (1981), JACKSON et al. (1982) und PETKOVA und LUNG (1983) überein. Nur bei 3 Versuchsgruppen, die suboptimale Rationen erhielten (10,5 MJ UE mit 15 % RP, 11,5 MJ UE mit 15 % RP und 11,5 MJ UE mit 17,5 % RP) war der Futterverzehr bei den weiblichen Tieren im Winter höher als bei den männlichen Tieren. Diese Befunde, verbunden mit dem Verhalten der Tiere der Gruppen mit 10,5 MJ UE und 17,5 % RP und mit 13,6 MJ UE und 15 % RP zeigen, daß sich die weiblichen Tiere der Rasse *White Plymouth Rock* unter den Bedingungen des kubanischen Winters besser an den Streß einer suboptimalen oder nicht bilanzierten Fütterung gewöhnen als die männlichen Tiere. Da die weiblichen Tiere im Winter geringere Tageszunahmen als die männlichen Tiere aufwiesen, besteht die Möglichkeit den Bedarf an metabolischer Energie und Rohprotein der weiblichen Tiere mit geringeren Energie- und Proteinkonzentrationen zu decken als bei den männlichen Tieren. Wenn mit monophasischen Fütterungssystemen gearbeitet wird, ist es möglich mit Rationen mit 11,5 MJ UE und 20 % RP oder mit 12,6 MJ UE mit 17,5 oder 20 % RP ein maximales Wachstum und hohe Endmassen im Winter bei den weiblichen Tieren zu erreichen. Es ist zu empfehlen, Versuche mit mehrphasischen Fütterungssystemen durchzuführen, vor allem, um in der Etappe vom 29.–56. Lebenstag die RP-Konzentration zu verringern, damit das verfügbare Protein effektiver verwertet werden kann.

Eine Erhöhung der Energie- bzw. Proteinkonzentration in den Rationen der weiblichen Broiler der Rasse White Plymouth Rock über das o. g. Niveau hinaus hat keinen Effekt auf die Mastendmasse, auf die Schlachtausbeute, auf das Abdominalfett, auf die Körperproteinmasse und auf die Proteinverwertung. Lediglich beim Energieniveau von 13,6 MJ UE ist eine Verbesserung der Futterverwertung zu erwarten.

Zusammenfassung

Mit insgesamt 1900 weiblichen Broilern der Rasse *White Plymouth Rock* wurden in den ersten 56 Tagen in 16 Versuchsgruppen vier Energiekonzentrationen (10,5; 11,5; 12,6 und 13,6 MJ UE) und vier Proteinkonzentrationen (15,0; 17,5; 20,0 und 22,5 % RP) getestet. Die Tiere wurden in Käfigen gehalten und waren ab 15. Lebenstag den natürlichen Wintertemperaturen in Kuba direkt ausgesetzt. Da jede Versuchsgruppe mit 6 Wiederholungen durchgeführt wurde, konnten die Ergebnisse varianzanalytisch verrechnet werden.

Die weiblichen Broiler der Rasse *White Plymouth Rock* wiesen im Winter einen geringeren Verzehr an Futter, metabolischer Energie und Rohprotein als die männlichen Tiere auf. Sie erreichten eine geringere Lebendmasse, eine geringere Körperprotein- und -fettmenge, sowie eine schlechtere Futter-, Protein- und Energieverwertung. Es werden Möglichkeiten gezeigt, den Rohprotein- und Energiebedarf bei monophasischen Fütterungssystemen mit 11,5 MJ UE und 20 % RP oder mit 12,6 MJ UE und 17,5 oder 20 % RP zu decken.

Резюме

М. Вальдиви и С. Поппе

Исследование по концентрациям энергии и протеина в рационах для птиц-бройлеров в Кубе. 2-ое сообщ.: ♀ бройлеры зимой

Проводились опыты на всего 1900 ♀ птицах-бройлерах породы *Белого плимутрока*, где птицы во время первых 56 дней жизни разделились на 16 подопытных групп, получавших 4 концентрации энергии (10,5; 11,5; 12,6 и 13,6 мегаджуль обменной энергии, МДж ОЭ) и 4 концентрации протеина (15,0; 17,5; 20,0 и 22,5 % сырого протеина, СП). Птиц содержали в клетках, а с 15-ого дня жизни они должны были выдержать прямые зимные температуры в Кубе. Для каждой группы повторялся опыт 6 раз, и таким образом можно было пользоваться вариацноиным анализом.

♀ птицы-бройлеры порды *Белого плимутрока* зимой потребили меньше корма, обменной энергии и сырого протеина, чем ♂ птицы-бройлеры. Прирост живой массы был ниже, так и отложение протеина и жира в теле. Кроме того было использование корма, протеина и энергии хуже. Ссылают на возможность покрытия потребности в сыром протеине и в энергии при монофазных режимах кормления с 11,5 МДж ОЭ плус 20 % СП или с 12,6 МДж ОЭ плус 17,5 или 20 % СП.

Summary

M. Valdivie and S. Poppe

Studies of the energy and protein concentration in broiler rations in Cuba. 2. Female broilers in winter

Four energy concentrations (10.5, 11.5, 12.6 and 13.6 MJ ME) and four protein concentrations (15.0, 17.5, 20.0 and 22.5 % CP) were tested with a total of 1,900 female broilers of the breed White Plymouth Rock in their first 56 days of life in

16 experiment groups. The animals were kept in cages and were directly exposed to the natural Cuban winter temperatures from their 15th day of life. As six repetitions were carried out in every test group, the results could be variance-analytically calculated.

In winter the female broilers of the breed White Plymouth showed a lower intake of feed, metabolic energy and crude protein than male animals. They achieved a lower live weight, lower amount of body protein and fat and worse feed, protein and energy utilisation. Possibilities are shown to meet the crude protein and energy requirement in monophase feeding systems with 11.5 MJ ME and 20 % CP or with 12.6 MJ ME and 17.5 or 20 % CP.

Literaturverzeichnis

[1] AJENJA, C.: Encilopedia de Agricultura. Ed. por Espass: CALP, S. A., Madrid (1964)
[2] BROADBENT, L. A., B. J. WILSON und C. FISHER: Brit. Poultry Sci. **22**, 385 (1981)
[3] FARREL, D. J., R. B. CUMMING und J. B. HARDAKER: Brit. Poultry Sci. **14**, 329 (1973)
[4] FISHER, C.: Protein Deposition in animals (protein deposition in poultry). Ed. by Butterworths, London (1980)
[5] JACKSON, S., J. D. SUMMERS und S. LEESON: J. Poultry Sci. **61**, 2224 (1982)
[6] MIRCHEVA, D. und S. SURDZHIISKA: J. Poultry Sci. **45**, 241 (1981)
[7] PETKOVA, G. und B. LUNG: Zhivotnovadni Nauki **20**, 85 (1983)
[8] RICHARD, F. H. und M. ROUVIER: Ann. Genet. sel. Anim. **1**, 151 (1969)
[9] SUMMERS, J. D., W. F. PEPPER und E. T. MORAN: Poultry Feed Formulas. Ed. by Guelph, Ontario, Canada (1972)
[10] VALDIVIE, M., S. POPPE, H. MEIER und M. GABEL: Arch. Anim. Nutr. **36**, 1087 (1986)

Eingegangen: 5. Februar 1985

Anschrift der Autoren:

Prof. Dr. sc. S. POPPE
Wilhelm-Pieck-Universität Rostock
Sektion Tierproduktion, Wissenschaftsbereich Tierernährung
Justus-von-Liebig-Str. 8
Postfach 27-07
Rostock
2500
DDR

M. VALDIVIE
Republica de Cuba
Instituto de Ciencia Animal
Calle
Nuevo Vedado
La Habana

Arch. Anim. Nutr., Berlin 37 (1987) 3, 227–234

Sektion Tierproduktion und Veterinärmedizin der Karl-Marx-Universität Leipzig, Wissenschaftsbereich Tierernährungschemie
(Leiter: Prof. Dr. sc. agr. A. Hennig)

R. Zander, K. Gruhn und A. Hennig*

Der Einfluß von Strohmehl auf den Rohprotein- und Aminosäurenstoffwechsel und die Verdaulichkeit der Rohnährstoffe bei Broilerzuchthennen

1. Mitteilung

Problemstellung, Versuchsübersicht, N-Ausscheidung über den Harn

1. Einleitung

Die Zahl der Publikationen zu den Wechselwirkungen zwischen Fasergehalt der Nahrung bzw. des Futters und dem Stoffwechsel des Organismus hat bei Nichtwiederkäuern enorm zugenommen. Wenn Rapoport (1969) noch vor 16 Jahren schrieb: „Vielfach wird angenommen, daß der Menge an Ballaststoffen eine ernährungsphysiologische Bedeutung zukommt", so ist dies heute mit Bestimmtheit festzustellen. Die Zunahme des Rektumkarzinoms hat auch beim Menschen die Forschung auf dem Fasergebiet intensiviert. Rohfaser beschleunigt die Durchgangszeit der Nahrung (Wrick u. a., 1983), senkt den Kolondruck durch die erhöhte Kotmenge und die vermehrte Gasabgabe (Fleming u. a., 1983).

Die Mikroflora des Enddarmes ist als dritte Komponente in die Wechselwirkung zwischen Nahrung und Wirtsorganismus einbezogen (Hennig, 1982). Durch faserarme Ernährung kann im Sinne von Haenel und Grütte (1984) eine Dysbiose ausgelöst werden, die von uns als eine Destabilisierung der Darmflora bezeichnet wird. Die Darmflora hat nach den Untersuchungen von Komai und Kimura (1981) und Komai u. a. (1982) an Mäusen auch einen Einfluß auf die Durchgangszeit der Nahrung und den Turnover des Darmepithels.

Die Rohfaser ist eine sehr heterogene Stoffgruppe (van Soest, 1982). Guarmehlzulagen (Harmuth-Hoene u. a., 1978) als Faserquelle wirken auf das Dreikomponentensystem anders als z. B. Weizenkleie. Rohfaserzulagen erhöhen die N-Ausscheidung im Kot bei Schweinen, Ratten, Hühnern, Hunden und Menschen (Mosenthin, 1979; Müller und Kirchgessner, 1983; Harmuth-Hoene u. a., 1978; Jahreis und Gruhn, 1979; Burrows u. a., 1982; Kelsay u. a., 1978).

Neben dem Rohfasergehalt (Behm, 1955) beeinflußt auch der Rohproteingehalt der Ration den Darmverluststickstoff (Krawielitzki u. a., 1977; 1981).

Obwohl eine qualitative Restriktion mit strohmehlreichen Rationen für Broilerhennen in der Aufzuchtperiode die Energieaufnahme reduzierte und die Lebendmasse günstig beeinflußte (Jeroch u. a., 1979), verweisen die Autoren darauf, daß bei der Wertung dieses Verfahrens unbedingt der depressive Effekt des Strohmehls auf die scheinbare Rohproteinverdaulichkeit berücksichtigt werden muß.

Unter diesem Aspekt hielten wir es in Fortführung unserer Arbeiten mit Broilerzuchthennen (Hennig u. a., 1979; Jahreis und Gruhn, 1979; Hennig u. a., 1986)

* Herrn Prof. Dr. sc. agr. W. Holzschuh, Bernburg, von den Mitarbeitern des Wissenschaftsbereiches Tierernährungschemie zum 60. Geburtstag gewidmet.

für opportun, die Metabolisierung des Stroh-N (^{15}N-Stroh) und den Einfluß von Stroh als Rohfaserquelle auf die endogene N-Ausscheidung im Kot zu untersuchen. Dazu wurden zwei Versuche mit kolostomierten Broilerhennen durchgeführt. Im Versuch 1 kamen gestaffelte Mengen von ^{15}N-Strohmehl zum Einsatz; im Versuch 2 sind die Tiere mit Weizen-^{15}N markiert worden. Bei der Versuchsplanung gingen wir davon aus, daß der Zeitpunkt der Strohzufütterung die Markierungshöhe der Tiere beeinflußt. Dies führte zu der in Abbildung 1 dargestellten Versuchsanordnung. Außerdem war es gleichzeitig möglich, die N- und $^{15}N'$-Exkretion über den Harn zu bestimmen. Die vorliegende Mitteilung enthält die N- und ^{15}N-Daten des Harnes beider Versuche.

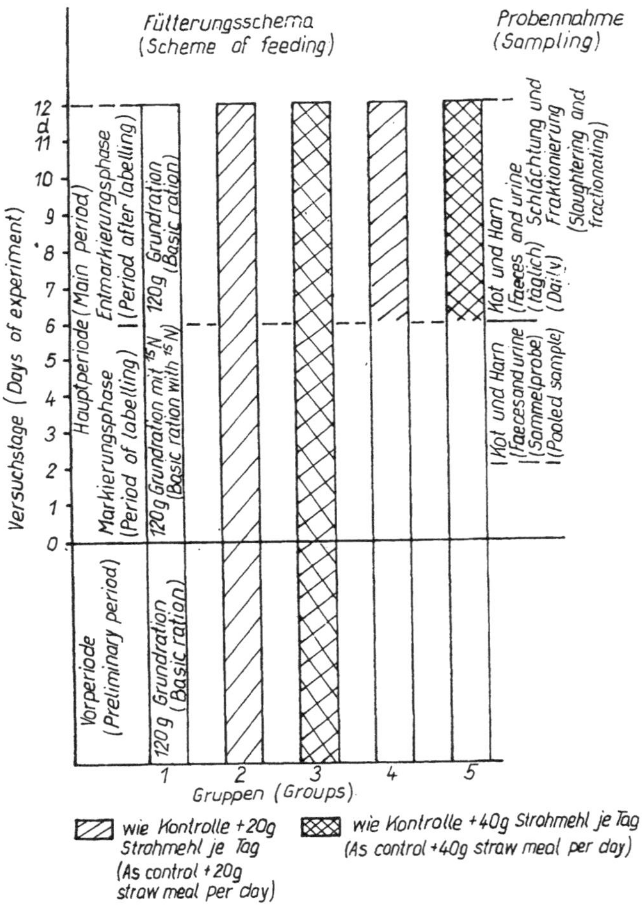

Abb. 1 (Fig. 1). Versuchsübersicht zum Versuch 2 mit ^{15}N-markiertem Weizen und zeitlich differenzierter Strohmehlzulage
(Experimental scheme of experiment 2 with ^{15}N labelled wheat and straw meal supplementation at different times).

2. Material und Methode

2.1. Versuchstiere

Als Versuchstiere verwendeten wir Broilerzuchthennen der Linie SB 6. Die Tiere hatten eine mittlere Lebendmasse von 3330 ± 180 g. Im Alter von ≈ 30 Wochen wurden die Tiere kolostomiert (GRUHN und ZIEGER, 1969). Sie wurden einzeln in Stoffwechselkäfigen gehalten.

2.2. Futter und Fütterung

Die Grundrationen hatten folgende Zusammensetzung (Tab. 1):

Tabelle 1 (Table 1)
Komponenten der Grundration in %
(Components of the basic ration in %)

	Versuch 1 (Experiment 1)	Versuch 2 (Experiment 2)
Mais (Maize)	52	32
Weizen (Wheat)	20	40
Sojaextraktionsschrot (Soybean oilmeal)	14	14
Futterhefe (Torula yeast)	2	2
Fischmehl (Fish meal)	3	3
Wirkstoffmischung [1] (Vitamin mixture) [1]	1	1
Mineralstoffmischung [1] (Mineral mixture) [1]	8	8

[1] für Legehennen (For laying hens)

Die Tiere erhielten täglich 120 g Grundration. Im Versuch 1 wurden 20, 30 bzw. 40 g ^{15}N-markiertes Strohmehl mit 14,80 Atom-% ^{15}N-Überschuß (^{15}N') über einen Zeitraum von 6 Tagen zusätzlich verabreicht. Die tägliche N-Aufnahme aus der Grundration betrug 3300 mg je Tier. Entsprechend der Strohaufnahme verzehrten die Versuchstiere 18,4; 27,5 bzw. 36,7 mg ^{15}N' je Tier und Tag. Vor der ^{15}N-Applikation wurde 6 Tage lang unmarkiertes Stroh gefüttert.

Die Fütterung im Versuch 2 ist schematisch in der Abbildung 1 dargestellt. Trotz der veränderten Ration – der Anteil des Weizens wurde erhöht, um die ^{15}N'-Aufnahme zu steigern – war der N-Verzehr identisch mit dem des Versuches 1. In der Markierungsphase (6 Tage) ist der Weizen durch ^{15}N-Weizen (13,03 Atom-% ^{15}N') substituiert worden. Das Stroh war im Versuch 2 nicht markiert. In den Gruppen 2 und 3 sind die Tiere bereits in der 6tägigen Vorperiode mit Stroh gefüttert worden. Die Gruppen 4 und 5 erhielten das Stroh erst nach dem Absetzen des ^{15}N-Weizens. Durch die tägliche Harnsammlung konnte der Einfluß des Strohs in Abhängigkeit von der Zeit erfaßt werden.

3. Ergebnisse und Diskussion

Die Strohmehlzulagen führten zu einer erhöhten Harnausscheidung. Die Aufnahme von 40 g Strohmehl ergab im Vergleich zur Kontrollgruppe signifikante ($p < 0{,}05$) Differenzen. Im Versuch 2 war nach Strohzulage die Harnmenge doppelt so hoch wie im Versuch 1. Der Einfluß des Strohmehles auf die N- und Harnsäure-N-Exkretion war gering (Tab. 2).

Die unbedeutenden Veränderungen in der Harn-N-Exkretion werden insbesondere im Versuch 1 auf die hohe und ausgeglichene Legeleistung von 60 ... 70 % im Versuchsabschnitt zurückgeführt. Im Versuch 2 befanden sich die mit Strohmehl gefütterten Tiere in einer Legepause. Ovarien und Eileiter wiesen keine makroskopischen Veränderungen auf. Die im Vergleich zum Versuch 1 höheren Harn-N- und Harn-

Tabelle 2 (Table 2)
Harn-N- und Harnsäure-N-Exkretion in mg je Tier und Tag
(Excretion of urinary N and N in uric acid in mg per animal and day)

Versuch (Experiment)	Strohzulage g (Supplement of straw, g)		0	20	30	40
1	Harn-N	$\bar{x}$	1607	1630	1664	1755
	(Urinary N)	$s\pm$	158	258	123	310
2		$\bar{x}$	1676	1790	–	1984
		$s\pm$	131	101		254
1	Harnsäure-N	$\bar{x}$	1320	1313	1291	1335
	(N in uric acid)	$s\pm$	121	226	133	242
2		$\bar{x}$	1349	1461	–	1644
		$s\pm$	55	120		199

säure-N-Massen sind im wesentlichen von der Legeleistung abhängig. Mit einem Ei scheidet die Legehenne mehr als 1000 mg N aus. Diese N-Mengen reflektieren die Harn-N-Daten in keiner Weise, so daß Verschiebungen im N-Stoffwechsel aufgrund seiner Zweiphasischkeit naheliegen (Hennig, 1971). Jahreis und Gruhn (1979) fanden ähnliche Relationen bei Strohzulagen bis 30 g, während bei 40 g der Harnsäure-N-Anteil des Harn-N auf 90 % anstieg. Fütterungsbedingte Aminosäurenimbalanzen, wie sie von Jahreis und Gruhn (1979) diskutiert wurden und von Miles und Featherston (1976) sowie Gruhn u. a. (1977) als Ursache einer erhöhten Harnsäure-N-Ausscheidung angesehen werden, trafen in diesem Versuch nicht zu. Durch 10 g Strohmehl wird die Aminosäurenaufnahme um ≈ 1 % erhöht. Bei Ratten und Schweinen war die rohfaserbedingte erhöhte fäkale N-Exkretion im Gegensatz zu den Resultaten bei Broilerhennen mit einer Verminderung der Harn-N-Ausscheidung verbunden (Mosenthin, 1979; Münchow u. a., 1980; Beames und Eggum, 1981; Tegtmeier u. a., 1982; Kuan u. a., 1983).

In Abhängigkeit von der $^{15}N'$-Strohmehlaufnahme steigt auch die $^{15}N'$-Masse des Harnes von 3,9 mg (20 g Strohmehl) auf 5,6 mg (30 g Strohmehl) bzw. 6,7 mg/Tier und Tag an (40 g Strohmehl). Lediglich 68 % dieses $^{15}N'$ wurden als Harnsäure-$^{15}N'$ nachgewiesen, während die Applikation von $^{15}N'$-Weizen bei gleicher Strohmehlgabe einen Anteil des Harnsäure-$^{15}N'$ am $^{15}N'$ des Harnes von ≈ 80 % ergab (Tab. 3). Die Ursache dieser Differenz muß in einer unterschiedlichen Metabolisierung der ^{15}N-Verbindungen des Strohmehls und des Weizens bestehen. Die Fütterung von ^{15}N-Strohmehl führte zu einer signifikant geringeren Markierung des Harnsäure-N gegenüber dem Gesamt-N des Harnes. Da aber auch in diesem Versuch der Harn-N zu ≈ 80 % aus Harnsäure-N besteht, muß der nicht harnsäuregebundene N eine wesentlich höhere Markierung aufweisen als die Harnsäure. Den gleichen Effekt beobachteten wir in einem weiteren Versuch mit markiertem Strohmehl (Zander u. Gruhn, 1987), so daß wahrscheinlich ein hoher Anteil der Stroh-N-Verbindungen nicht zu Harnsäure metabolisiert wird. Wird hingegen Weizen als ^{15}N-Träger verabreicht, so sind keine Unterschiede im Harnsäure-N-Gehalt des Harnes nachzuweisen, unabhängig davon, ob die Daten des Gesamt-N oder des ^{15}N zur Berechnung zugrunde gelegt werden.

Bezogen auf den Verzehr wird weniger $^{15}N'$ über den Harn exkretiert, wenn Strohmehl die ^{15}N-Quelle darstellt (Tab. 3). Dies ist aufgrund der relativ geringen N-Ver-

Tabelle 3 (Table 3)
^{15}N-Daten des Harnes (Data of ^{15}N' in urine)

^{15}N-Träger (^{15}N carrier) Strohmehlgabe (Straw meal supplement)		Strohmehl (Straw meal) 20	30	40	Weizen (Wheat) 0	20	40
Harnsäure-^{15}N' in % des Harn-^{15}N' (^{15}N excess of uric acid as a percentage of urinary ^{15}N excess)	$\bar{x}$	68	67	69	79	80	79
	$s\pm$	5	2	4	7	5	6
^{15}N' in % vom ^{15}N'-Verzehr (^{15}N excess as a percentage of ^{15}N excess intake)	$\bar{x}$	21	20	18	32	35	35
	$s\pm$	2	2	3	3	2	5
^{15}N' in % vom verdauten ^{15}N' (^{15}N excess as a percentage of digested ^{15}N excess)	$\bar{x}$	78	66	50	37	40	41
	$s\pm$	12	5	6	4	3	6

daulichkeit des Strohmehls verständlich. Wählt man den verdauten ^{15}N' als Bezugsbasis der Harn-^{15}N'-Exkretion, so vermindert sich relativ der Harn-^{15}'N-Anteil. Dies deutet – da auch die scheinbare Verdaulichkeit des ^{15}N des Strohmehls mit zunehmender Gabe ansteigt – auf eine bessere Verwertung der Stroh-N-Verbindungen in Abhängigkeit von der verabreichten Strohmenge hin. Dieses Phänomen kann zur Zeit nicht erklärt werden, wäre aber aufgrund der sehr geringen ^{15}N-Massen durch weitere Versuche zu bestätigen. Ein zunehmender Einfluß der Darmflora kann nicht ausgeschlossen werden. Im Versuch mit ^{15}N-Weizen bleibt der Harn-^{15}N'-Gehalt, bezogen auf den verdauten ^{15}N', unabhängig von der verfütterten Strohmenge, annähernd konstant. Die in der Tendenz höheren Daten in den Strohzulagegruppen müssen in Verbindung mit der Legeleistung gesehen werden.

Die Veränderungen der N-Exkretion über den Kot und Harn kommen summarisch im produktiven N (Werner und Hennig, 1960) zum Ausdruck (Tab. 4).

Tabelle 4 (Table 4)
Produktiver N (Productive N)

Versuch (Experiment)	Strohzulage g (Supplement of straw, g)	0	20	30	40
1	N, mg	1128	981	934	897
	%	34	28	27	25
	^{15}N', mg (^{15}N excess, mg)		3,8	8,4	13,4
	%		21	30	37
2	N, mg	1013	841	–	632
	%	31	25		18
	^{15}N', mg (^{15}N excess, mg)	64,4	61,2	–	60,4
	%	54	51		50

Die Strohzulage führt zu einer drastischen Verminderung des produktiven N infolge der stark erhöhten fäkalen N-Exkretion. Der produktive ^{15}N' des Strohmehls steigt aber an. Im Gegensatz dazu kommt es auch im Weizenversuch zu einer leichten Verminderung des produktiven ^{15}N' von 54 auf 51 %. Die unterschiedlichen Ergebnisse bei der Betrachtung des Gesamt-N und des ^{15}N' sind mit den unterschiedlichen Poolgrößen und der Zweiphasischkeit des Stoffwechsels zu begründen.

Nach der Strohzulage steigt die Harnmenge in Abhängigkeit von der Zeit an (Abb. 2). Die Korrelation ist nur für die Strohgabe von 40 g signifikant. Die absolut höchste Tagesharnmenge von 620 g/Tier nach 6tägiger Strohfütterung scheint noch nicht das Maximum zu sein. Eine Ursache der erhöhten Harnmenge nach Strohzufütterung

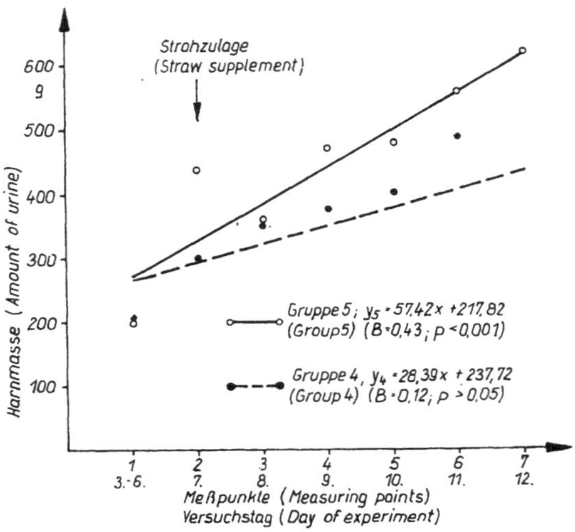

Abb. 2 (Fig. 2). Tägliche Harnmenge/Tier in Abhängigkeit von der Zeit nach der Strohmehlzulage (Amount of urine per animal and day after straw meal supplementation).

dürfte die erhöhte Wasseraufnahme durch das feucht-krümelige Futter sein. Die Wasseraufnahme scheint aber dem Verlauf der Korrelation nach auch einer intermediären Regulation zu unterliegen, die durch die Strohaufnahme beeinflußt wird, wobei die tierspezifische Varianz der Harnproduktion außerordentlich groß ist. Variationskoeffizienten von 17 % bis 40 % bestätigen dies. Die Harn-N-Masse blieb bei diesen legenden Tieren konstant.

Zusammenfassung

In zwei Versuchen an kolostomierten Broilerhennen mit ^{15}N-markiertem Weizenstroh und ^{15}N-markiertem Weizen wurde die Metabolisierung des Stroh-N und der Einfluß des Strohes auf die Harn-N-Ausscheidung untersucht. Im Versuch 1 erhielten die in 4 Gruppen eingeteilten Versuchstiere zusätzlich je Tier zu 120 g Mischfutter 0 g, 20 g, 30 g und 40 g Strohmehl. Die tägliche ^{15}N-Überschuß (^{15}N')-Aufnahme aus dem Stroh betrug 18,4 mg, 27,5 mg und 36,7 mg. Die im Versuch 2 täglich mit dem markierten Weizen verzehrte ^{15}N'-Menge betrug 119,7 mg.

40 g Strohmehl führten zu einer signifikant ($p < 0{,}05$) erhöhten Harnmenge. Die Mengen an Harn-N und Harnsäure-N waren nur in der Tendenz erhöht. Der produktive N verminderte sich im Mittel infolge der Strohzulage von 1070 mg/Tier und Tag (Kontrolle) auf 764 mg/Tier und Tag bei 40 g zugelegtem Stroh. Der produktive ^{15}N' des markierten Weizens war unabhängig von der Strohzulage. Der produktive ^{15}N' des Strohes erhöhte sich von 3,8 mg/Tier und Tag (20 g Stroh) auf 13,4 mg/Tier und Tag (40 g Stroh). Stroh als ^{15}N-Träger ergab im Gegensatz zum ^{15}N-Weizen eine geringere Markierung des Harnsäure-N im Vergleich zum Harn-N. Es wird vermutet, daß die veränderte Metabolisierung des Stroh-N durch mikrobielle Prozesse im Darm beeinflußt wird.

Резюме

Р. Цандер, К. Грун и А. Хенниг

Влияние соломенной муки на обмен сырого протеина и аминокислот и на переваримость сырых питательных веществ у племенных куриц-бройлеров. 1-ое сообщ.: Название проблемы, поставление опытов, выделение азота мочой

С помощью двух опытов на колостомированных племенных курицах-бройлерах определились метаболизация азота соломы и влияние соломы на выделение азота мочой после кормления меченой ^{15}N пшеницей или меченой ^{15}N соломы пшеницы. В опыте 1 получили на 4 группы разделенные курицы кроме 120 г комбикорма на голову ещё 0, 20, 30 или 40 г соломенной муки. Среднесуточное потребление ^{15}N′ из соломы было 18,4 мг, 27,5 мг и 36,7 мг. В опыте 2 потребили курицы 119,7 мг ^{15}N′ с меченой пшеницей в сутки.

40 г соломенной муки вели к достоверно ($p<0{,}05$) повышенному количеству мочи. Количества азота мочи и азота мочевой кислоты повышались только в тенденции. Продуктивный азот снизился в среднем из-за добавление соломой от 1070 мг/курицу и день (контроль) до 764 мг на голову в сутки при добавке 40 г соломы. Продуктивный ^{15}N′ соломы повысился от 3,8 мг/курицу и день (20 г соломы) до 13,4 мг на голову в сутки (40 г соломы). Солома в качестве носителя ^{15}N ведёт к более низкое мечение азота мочевой кислоты, чем азота мочи в сравнении с кормлением меченой ^{15}N пшеницы. Сделается вывод, что микробные процессы в кишечнике ведут к изменению метаболизации азота соломы.

Summary

R. Zander, K. Gruhn and A. Hennig

The influence of straw meal on the crude protein and amino acid metabolism and the digestibility of crude nutrients in broiler breeding hens. 1. Problems, survey of experiments, N excretion in urine

The metabolization of the straw N and the influence of the straw on N excretion in urine were studied in 2 experiments with colostomized broiler hens and with ^{15}N labelled wheat straw as well as ^{15}N labelled wheat. In experiment 1 the test animals divided up into 4 groups received 0 g, 20 g, 30 g and 40 g straw meal per animal and day in addition to 120 g mixed feed. The daily ^{15}N-excess (^{15}N′) intake from the straw was 18.4 mg, 27.5 mg and 36.7 mg. The amount of ^{15}N′ daily consumed with the labelled wheat in experiment 2 was 119.7 mg.

40 g straw meal resulted in a significantly increased amount of urine ($p<0.05$). The amounts of urine N and uric acid N were only increased as a tendency. On average the productive N decreased as a consequence of the straw meal supplement from 1070 mg/animal and day (control) to 764 mg/animal and day after 40 g straw meal supplement. The productive ^{15}N′ of the labelled wheat was not influenced by the straw meal supplement. The productive ^{15}N′ of the straw increased from 3.8 mg/animal and day (20 g straw) to 13.4 mg/animal and day (40 g straw). In contrast to

^{15}N wheat, straw as a ^{15}N source resulted in a lower labelling of uric acid N in comparison with urine N. It can be assumed that the changed metabolization of the straw N is influenced by microbial processes in the intestines.

Literaturverzeichnis

[1] BEAMES, R. M. und B. O. EGGUM: Brit. J. Nutr. **46**, 301 (1981)
[2] BEHM, G.: Arch. Tierernähr. **5**, 52 (1955)
[3] BURROWS, C. F., D. S. KRONFELD, C. A. BANTA und A. M. MERRITT: J. Nutr. **112**, 1726 (1982)
[4] FLEMING, S. E., D. MARTHINSEN und H. KUHNLEIN: J. Nutr. **113**, 2535 (1983)
[5] GRUHN, K. und M. ZIEGER: Arch. Tierernähr. **19**, 631 (1969)
[6] GRUHN, K., G. JAHREIS und A. MÜLLER: Arch. Tierernähr. **27**, 635 (1977)
[7] HAENEL, H. u. F.-K. GRÜTTE: Nahrung **28**, 647 (1984)
[8] HARMUTH-HOENE, A.-E., V. JAKUBICK und R. SCHELENZ: Nutr. Metab. **22**, 32 (1978)
[9] HENNIG, A.: Grundlagen der Fütterung II. VEB Dt. Landwirtschaftsverlag Berlin, (1971) S. 674
[10] HENNIG, A.: Ergotropika. VEB Deutscher Landwirtschaftsverlag Berlin S. 13ff. (1982)
[11] HENNIG, A., G. JAHREIS und K. GRUHN: Arch. Tierernähr. **29**, 623 (1979)
[12] HENNIG, A., R. ZANDER, K. GRUHN und M. BÄR: Arch. Tierernähr. **36**, 1123 (1986)
[13] JAHREIS, G. und K. GRUHN: Arch. Tierernähr. **29**, 569 (1979)
[14] JEROCH, H., G. OPEL und G. RICHTER: Arch. Tierernähr. **29**, 469 (1979)
[15] KELSAY, J. L., K. M. BEHALL und E. S. PRATHER: Amer. J. Clin. Nutr. **31**, 1149 (1978)
[16] KOMAI, M. und S. KIMURA: Effect of dietary fiber on the function, of the alimentary tract in germfree mice. In: S. SASAKI et al. (eds.): Recent advances in germfree research, Tokai University Press, p. 373 (1981)
[17] KOMAI, M., F. TAKEHISA und S. KIMURA: Nutr. Rep. Int. **26**, 255 (1982)
[18] KRAWIELITZKI, K., T. VÖLKER, S. SMULIKOWSKA, H.-D. BOCK und J. WÜNSCHE: Arch. Tierernähr. **27**, 609 (1977)
[19] KRAWIELITZKI, K., R. SCHADEREIT, T. VÖLKER und K. REICHEL: Arch. Tierernähr. **31**, 433 (1981)
[20] KUAN, K. K., G. STANOGIAS und A. C. DUNKIN: Anim. Prod. **36**, 201 (1983)
[21] MILES, R. D. und W. R. FEATHERSTON: Poultry Sci. **55**, 98 (1976)
[22] MOSENTHIN, R.: Der Einfluß pflanzlicher Gerüstsubstanzen im Futter auf den Stickstoffansatz beim Schwein. Diss., Christian-Albrechts-Univ. Kiel (1979)
[23] MÜLLER, H. L. und M. KIRCHGESSNER: Z. Tierphysiol. Tierernähr. Futtermittelkde. **49**, 127 (1983)
[24] MÜNCHOW, H., H. BERGNER, B. TEGTMEIER und H. WIELAND: Arch. Tierernähr. **30**, 675 (1980)
[25] RAPOPORT, S. M.: Medizinische Biochemie. 5. Aufl., VEB Verlag Volk und Gesundheit Berlin, S. 944 (1969)
[26] SOEST van, P. J.: Nutritional ecology of the ruminants. Durham and Downey Inc., Portland (1982)
[27] TEGTMEIER, B., H. BERGNER und H. MÜNCHOW: Arch. Tierernähr. **32**, 813 (1982)
[28] WERNER, A. und A. HENNIG: Z. Tierphysiol. Tierernähr. Futtermittelkde. **15**, 143 (1960)
[29] WRICK, K. L., J. B. ROBERTSON, P. J. van SOEST, B. A. LEWIS, J. M. RIVERS, D. A. ROE und L. R. HACKLER: J. Nutr. **113**, 1464 (1983)
[30] ZANDER, R. und K. GRUHN: Arch. Tierernährung **37**, 137 (1987)

Eingegangen: 1. März 1985

Anschrift der Autoren:

Dr. agr. R. ZANDER, Dr. sc. agr. K. GRUHN und Prof. Dr. sc. agr. A. HENNIG
Sektion Tierproduktion und Veterinärmedizin der Karl-Marx-Universität Leipzig
Wissenschaftsbereich Tierernährungschemie
Dornburger Str. 24
Jena
6900
DDR

Arch. Anim. Nutr., Berlin 37 (1987) 3, 235–246

Sektion Tierproduktion und Veterinärmedizin der Karl-Marx-Universität Leipzig
Wissenschaftsbereich Tierfütterung und Ernährungsschäden
(Leiter: Prof: Dr. sc. M. HOFFMANN) und
Lehr- und Versuchsstation Abtnaundorf
(Leiter: Dr. R. FUCHS)

R. FUCHS, HELGA MILITZ und M. HOFFMANN

Untersuchungen zur Verdaulichkeit der Rohnährstoffe bei Pferden

1. Mitteilung

Methoden zur Bestimmung der Verdaulichkeit

1. Einleitung

Für die Charakterisierung eines Fütterungsregimes ist die Verdaulichkeit der Rohnährstoffe der Gesamtration wichtig. Die überwiegend sportliche Nutzung des Pferdes verlangt bei der Durchführung von Verdauungsversuchen Untersuchungsmethoden, die eine Belastung des Pferdes unter konkreten Bedingungen ermöglichen, ohne dabei der Notwendigkeit der Gesamtkotsammlung zu unterliegen. Deshalb gewinnt die Anwendung einer geeigneten Indikatormethode besondere Bedeutung.

Breite Anwendung fand in den letzten Jahren die 4 N HCl-unlösliche Asche als Indikatorsubstanz bei der Bestimmung der Verdaulichkeit. ENDERS (1973) führte Untersuchungen an Schweinen und Rehen unter Verwendung der 4 N HCl-unlöslichen Asche zur Bestimmung der Verdaulichkeit durch. MCCARTHY u. a. (1974) prüften 4 N HCl-unlösliche Asche und Chromoxid als Indikatorsubstanzen zur Bestimmung der Verdaulichkeit in Rationen für Schweine. In vergleichenden Untersuchungen wurde von MCCARTHY u. a. (1977) festgestellt, daß unter Anwendung der 4 N H Cl-Methode bei sporadischer bzw. kontinuierlicher Kotsammlung hinsichtlich der Bestimmung der scheinbaren Verdaulichkeit gleiche Ergebnisse zu erzielen sind.

Ebenfalls übereinstimmende Ergebnisse ermittelten SUTTON u. a. (1977) in drei Vergleichen zwischen der Gesamtkotsammlung (Standardmethode) und der 4 NHCl-Methode bei der Bestimmung der Verdaulichkeit der Energie und des Stickstoffs an männlichen Pferden.

Bei der Anwendung der 4 N HCl-Methode entfallen Applikationsprobleme, da auf die Verwendung rationsfremder Stoffe verzichtet werden kann. Sie bringt sicherere Ergebnisse als die Chromoxid-Methode (ENDERS 1973; HAENLEIN u. a. 1966; MCCARTHY u. a. 1974).

Es wurden in zwei Versuchen vergleichende Untersuchungen bei Anwendung der Standard- bzw. 4 N HCl-Methode zur Bestimmung der Verdaulichkeit der Rohnährstoffe beim Pferd vorgenommen, über die im folgenden berichtet wird, da sie Grundlage weiterer Untersuchungen sind.

2. Material und Methodik

2.1. Tiermaterial

Als Versuchspferde wurden Wallache der Rasse „Edles Warmblut“ in einem Alter von 6–8 Jahren verwendet. Die Pferde waren als Reitpferde ausgebildet und befanden sich in einer den Versuchsanforderungen gerechtwerdenden Kondition. Die Lebendmasse der Pferde lag im ersten Versuch zwischen 610 und 650 kg ($n = 3$) und im 2. Versuch zwischen 535 und 644 kg ($n = 4$).

2.2. Rationsgestaltung, Futterdarbietung und Ernährungsniveau

Die Rationen hatten die in Tab. 1 angegebene Zusammensetzung. Der Hafer wurde in beiden Versuchen in gequetschter Form verabreicht. Während das Wiesenheu unzerkleinert blieb, wurde das Weizenstroh gehäckselt. Die Pferde wurden zweimal täglich um 6.30 Uhr und 15.30 Uhr gefüttert.

Tabelle 1 (Table 1)
Zusammensetzung der Versuchsrationen (in % der TS)
(Composition of diet used in % of dry matter)

	Versuch 1 (Experiment 1)	Versuch 2 (Experiment 2)
Hafer (Barley)	42,0	42,7
Sojaextraktionsschrot (Soybean oilmeal)	2,0	–
Wiesenheu (Meadow hay)	42,0	42,7
Weizenstroh (Wheat straw)	14,0	14,6

Es wurde jeweils die Hälfte der Ration verabreicht und zwar zunächst das Schüttfutter und nach 20 Minuten das Heu. Der Rohnährstoffgehalt sowie die Energie- und Proteinkonzentrationen, die jeweils über einen Standardverdauungsversuch am Hammel ermittelt wurden, sind in Tabelle 2 dargestellt.

Auf der Grundlage der Normen des DDR-Futterbewertungssystems (AUTORENKOLLEKTIV, 1976) war das Ernährungsniveau im 1. Versuch mit 26–28 EFr/kg $LM^{0,75} =$ 1,0 festgelegt. Im 2. Versuch war es mit 32–34 EFr/kg $LM^{0,75} = 1,22$ konzipiert. Das Angebot an verdaulichem Rohprotein sollte bei 3 g bzw. 4 g/kg $LM^{0,75}$ liegen.

Tabelle 2 (Table 2)
Rohnährstoffgehalt sowie Energiekonzentration und Gehalt an verdaul. Rohprotein der Rationen (je kg Trockensubstanz)
(Crude nutrients, energy content and digestible crude protein per kg DM)

Versuch (Experiment)	Org. Subst. (Organic matter) g	RP (Crude protein) g	RFe (Ether extract) g	RFa (Crude fibre) g	NFE (N-free extractives) g	EFr (EFU cattle) g	vRP (Digestible crude protein) g
1	931,6	117,1	34,1	246,7	533,7	530	68
2	912,4	133,6	35,5	198,3	545,0	520	77

2.3. Versuchsablauf

Beide Versuche gliederten sich in eine Gewöhnungs-, Vor- und Hauptperiode. Die Gewöhnungs- und Vorperiode umfaßte in beiden Versuchen 10 bzw. 7 Tage. Die Dauer der Hauptperiode betrug 6 Tage. Die Pferde standen in Boxen auf Stroh, später auf Sägespänen. Die letzten 3 Tage der Vorperiode sowie in der Hauptperiode wurden sie einstreulos auf Gummimatten gehalten.

Mit Ausnahme einer viertelstündigen Bewegung im Schritt an der Hand, befanden sich die Versuchspferde im 1. Versuch in Ruhe. Im 2. Versuch erfolgte eine tägliche Belastung unter dem Reiter nach folgendem Programm:

5 min Schritt
10 min Trab
5 min Schritt
10 min Trab
5 min Schritt
5 min Trab
5 min Schritt
45 min Gesamtbelastungszeit

2.4. Probenentnahme, -lagerung und -verarbeitung

Während der Hauptperiode wurde für die Durchführung der Gesamtkotsammlung der Kot über 24 Stunden gesammelt, gemischt und ein aliquoter Teil entnommen (im folgenden als Standardmethode bezeichnet).

Aus dem ersten Kot, der nach 6.30 Uhr abgesetzt wurde, diente nach gründlicher Durchmischung eine Probe von 200 g für die Indikatormethode.

Die Kotproben wurden in verschließbaren Gefäßen eingefrostet. Die Untersuchung der Futtermittel und Kotproben auf ihren Rohnährstoffgehalt erfolgte nach dem gültigen Standard (TGL 80-21875). Die 4 N HCl-unlösliche Asche wurde durch Kochen mit 4 N HCl und anschließender gravimetrischer Bestimmung ermittelt.

Für die Rohnährstoffanalyse der Futtermittel wurde bei der Einwaage der Rationen eine Probe entnommen.

Die Durchführung der Standardverdauungsversuche sowie die Berechnung der Verdaulichkeit der Rohnährstoffe erfolgte nach SCHIEMANN (1981).

Die Verdaulichkeit der Rohnährstoffe (V) errechnet sich bei Anwendung der 4 N HCl-Methode nach folgender Formel:

$$V = \frac{\frac{RN_r}{Ir} - \frac{RN_k}{Ik}}{\frac{RN_r}{Ir}} \times 100$$

RN_r = Rohnährstoffgehalt in der Ration in %
RN_k = Rohnährstoffgehalt im Kot in %
I_r = Gehalt des Indikators in der Ration in %
I_k = Gehalt des Indikators im Kot in %

Die Ergebnisse wurden statistisch verrechnet.

3. Ergebnisse

1. Versuch

Die bei einem Ernährungsniveau von 1,0 realisierte Trockensubstanz-, Energie- und Rohproteinaufnahme ist in Tabelle 3 dargestellt.

Tabelle 3 (Table 3)

Aufnahme an Trockensubstanz, Energie und verdaulichem Rohprotein im Versuch 1 (je Tier und Tag)

(Intake of dry matter, energy and digestible crude protein in experiment 1, per animal and day)

Pferd (Horse)	LM (Live weight)	TS (Dry matter)	kEFr (kEFU cattle)	vRP (Digestible crude protein)	EFr/kg $LM^{0,75}$ (EFU cattle/ kg $LW^{0.75}$)	vRP/kg $LM^{0,75}$ (Digestible CP/ kg $LW^{0.75}$)
Nr. (No.)	kg	kg		g		g
1	650	6,5	3,445	442	26,83	3,43
2	630	6,3	3,339	428	26,55	3,40
3	610	6,1	3,233	415	26,33	3,38

In Tabelle 4 sind die nach der Standard- und Indikatormethode ermittelten Werte für die Verdaulichkeit der Rohnährstoffe der Rationen zusammengefaßt.

Tabelle 4 (Table 4)

Verdaulichkeit der Rohnährstoffe in Rationen für Pferde bei Anwendung der Standard- und Indikatormethode (Versuch 1)

(Digestibility of crude nutrient in rations for horses using different methods, experiment 1)

Methode (Method)	*n*	Verdaulichkeit in % (Digestibility in %) Org. Subst. (Organic matter)	RP (Crude protein)	RFe (Ether extract)	RFa (Crude fibre)	NFE (N-free extractives)
Standard-methode (Standard-method)	3	56,1	62,2	47,7*	33,9	66,0
	±*s*	2,8	2,1	6,6	3,2	2,6
Indikator-methode (Indikator method)	3	61,7	67,1	68,2	44,9	68,4
	±*s*	5,4	7,0	5,1	6,8	4,6

* $\alpha < 0,05$

2. Versuch

Im zweiten Versuch wurden die Pferde täglich einer genormten Belastung unter dem Reiter mit einer Dauer von 45 min unterzogen.

Bei dem durch die Belastung notwendigerweise erhöhtem Energieangebot wurde die in Tabelle 5 wiedergegebene Trockensubstanz-, Energie- und Proteinaufnahme erreicht.

Die mittlere Verdaulichkeit der Rohnährstoffe ist in Tabelle 6 zusammengefaßt.

Tabelle 5 (Table 5)

Aufnahme an Trockensubstanz, Energie und verdaulichem Rohprotein im Versuch 2 (je Tier und Tag)

(Intake of dry matter, energy and digestible crude protein in experiment 2, per animal and day)

Pferd (Horse) Nr. (No.)	LM (Live weight) kg	TS-Aufn. (DM intake) kg	kEFr (kEFU cattle)	vRP (Digestible CP) g	EFr/kg $LM^{0,75}$ (EFU cattle/ kg $LW^{0.75}$)	vRP/kg $LM^{0,75}$ (Digestible CP/kg $LW^{0.75}$) g
1	644	7,96	4,139	613	32,37	4,79
2	638	7,87	4,092	606	32,23	4,77
3	620	7,79	4,060	600	32,67	4,83
4	535	6,63	3,448	510	31,00	4,58

Tabelle 6 (Table 6)

Verdaulichkeit der Rohnährstoffe in Rationen für Pferde bei Anwendung der Standard- und Indikatormethode (Versuch 2)

(Digestibility of crude nutrients in rations for horses using different methods, experiment 2)

Methode (Method)		Verdaulichkeit der Rohnährstoffe in % (Digestibility of crude nutrient in %)					
		TS (Dry matter)	Org. Subst. (Organic matter)	RP (Crude protein)	RFe (Ether extract)	RFa (Crude fibre)	NFE (N-free extractives)
Standardmethode	$\pm s$	69,9	72,4	76,9	72,7	42,1	79,7
(Standard method)		3,4	3,3	2,1	4,0	7,6	2,8
Indikatormethode	$\pm s$	72,3	74,5	78,0	72,0	47,5	81,4
(Indicatormethod)		3,8	3,8	2,9	5,7	8,3	3,4

4. Diskussion

Bei der Ermittlung der Verdaulichkeit der Rohnährstoffe aus Rationen beim Pferd, ist unter Berücksichtigung der Notwendigkeit der Bewegung des Pferdes und unter Beachtung einer möglichen Beeinflussung der Verdauungsvorgänge durch die Intensität der Belastung des Reitpferdes, die Anwendung von Indikatormethoden angezeigt. Die guten Ergebnisse bei der Anwendung der 4 N HCl-Indikatormethode lassen es als zweckmäßig erscheinen, diese Methode zur Anwendung zu bringen.

Die Bemühungen um eine Vereinheitlichung dieser Methode zur Sicherung der Reproduzierbarkeit der Ergebnisse machen es notwendig, folgenden Problemen besondere Aufmerksamkeit zu schenken:

- Homogenisierung des Naßkotes
- N-Verluste bei der Trocknung des Kotes
- Zuverlässigkeit bei der Bestimmung des Indikators
- Repräsentanz der Stichprobe.

4.1. Homogenisierung

Eine Homogenisierung des Pferdekotes unter Zusatz von destilliertem Wasser ist aus Gründen einer sehr unterschiedlichen Partikelgröße im Kot nicht möglich.

Die Naßprüfsiebung von Kotproben brachte für die geprüften Rationstypen das in Tabelle 7 wiedergegebene Ergebnis. Nur 17 % des Kotes wies eine Teilchengröße <1 mm auf. In der Futtermittelanalytik wird mit einer Mahlfeinheit des Materials

Tabelle 7 (Table 7)

Ergebnis der Prüfsiebung von Pferdekot

(Results of distribution of particle size in faeces of horses)

Siebdurchgang (mm) (Screen mesh size [mm])	Versuchspferde (Experimental horses) 1	2	3	4	$\bar{x}$
	Anteile in % (Distribution of particle size in %)				
4	18	20	17	21	19
1,6	61	48	53	59	55
1,0	6	11	12	8	9
<1,0	15	21	18	12	17

von 0,7–1 mm gearbeitet. Bei 9 Wiederholungen ergab sich bei der Ermittlung des Rohfasergehaltes im Naßkot bei einem Mittelwert von 11,5 % eine Schwankung im Bereich von 9,8 % bis 15,0 %. Bei der Ermittlung des Rohproteingehaltes betrug der Mittelwert 3,0 % mit einer Schwankung von 2,0 % bis 5,1 %.

Die Inhomogenität kann nur durch Trocknung des Kotes und anschließendem Mahlen verhindert werden. Daraus ergibt sich zwangsläufig die Frage nach möglichen N-Verlusten.

4.2. Beeinflussung der scheinbaren Verdaulichkeit des Rohproteins durch Aufbereitungsmethoden

Es wurde der Einfluß unterschiedlicher Trocknungsverfahren im Vergleich zum Naßkot auf die scheinbare Verdaulichkeit des Rohproteins geprüft. Die Ergebnisse zeigt Tabelle 8.

Tabelle 8 (Table 8)

Einfluß unterschiedlicher Aufbereitungsverfahren des Kotes auf die Ergebnisse der scheinbaren Verdaulichkeit des Rohproteins beim Pferd

(Influence of different treatment of faeces on the results of apparent digestibility of crude protein in horses)

Pferd (Horse)	Verdaulichkeit des Rohproteins in % (Digestibility of crude protein in %) Naßkot (Wet faeces)	getrocknet 60 °C (Dried at 60 °C)	gefriergetrocknet (lyophilisated faeces)
1	55,4	62,2	41,4
2	54,8	60,1	51,2
3	66,9	60,9	57,2
4	74,1	69,1	65,9
$\bar{x}$	62,8	63,1	53,9
$\pm s$	9,37	4,11	10,3

Es wird deutlich, daß im Trockenkot (60 °C) Rohproteinverluste auftreten und deshalb eine höhere scheinbare Verdaulichkeit des Rohproteins vorgetäuscht wird. Dabei sind die Differenzen im Mittelwert gering, die Streuung im Naßkot ist aus den oben erwähnten Gründen sehr hoch.

Die Analyse des Naßkotes ist abzulehnen. Gefriergetrockneter Kot führt zu geringeren Rohproteinverlusten, was eine Senkung der scheinbaren Verdaulichkeit zur Folge hat, zeigte aber eine hohe Streuung. Es konnten aus technischen Gründen nur kleine Mengen Kot gefriergetrocknet werden. Eine Beurteilung der Streuung muß unter Berücksichtigung dieser Tatsache erfolgen. Unter Berücksichtigung des hohen technischen Aufwandes bei der Gefriertrocknung des Pferdekotes ist die Trocknung bei 60 °C die Methode der Wahl.

4.3. Zuverlässigkeit der Bestimmung des Indikators

In Tabelle 9 ist die Konzentration der 4 N HCl-unlöslichen Asche bei 9 Wiederholungen im Futter mit getrocknetem Kot (60 °C) zusammengefaßt.

Tabelle 9 (Table 9)
Konzentration der 4 N HCl-unlöslichen Asche im Futter und getrocknetem Kot
(Concentration of 4 N HCl-isoluble ash in feedstuffs and in dried faeces)

Wiederholung (Repetition)	Futter (Feedstuff) Angaben in %	Kot (Faeces) (Data in %)
1	1,98	3,80
2	1,97	3,87
3	1,89	3,78
4	1,96	3,90
5	1,90	3,54
6	1,96	3,76
7	1,90	3,64
8	1,96	3,72
9	2,02	3,77
$\bar{x}$	1,95	3,75
$\pm s$	0,04	0,17

Die Werte lassen erkennen, daß der Indikator mit großer Sicherheit bestimmt werden kann. Die Indikatorbestimmung ist in 3facher Wiederholung, mit einer zulässigen Toleranz von 0,05 % (absolut) beim Futter und 0,2 % (absolut) beim Kot, vorzunehmen.

4.4. Repräsentanz der Stichprobe in Form der täglich einmaligen Probenentnahme

Die Frage nach der Aussagekraft einer täglich einmaligen Kotprobenentnahme in einer Menge von 200 g, im Vergleich zur Gesamtkotsammlung bei der Standardmethode, ist von besonderer Bedeutung. Das wird umso deutlicher, wenn man berücksichtigt, daß diese Menge nur etwa 0,2–0,4 % der Gesamtkotmenge ausmacht.

Die im 2. Versuch ermittelten Einzelwerte aus Stichproben von 3 aufeinanderfolgen-

Tabelle 10 (Table 10)

Paarweiser Mittelwertvergleich zwischen Standard- und Indikatormethode bei Einzelanalysen an 3 aufeinanderfolgenden Tagen
(Pair analysis of means between the standard and indicator methods in case of single analysis on 3 consecutive days)

Org. S. (Organic matter)		RP (CP)		RFe (Ether extract)		RFa (Crude fibre)		(NFE (N-free extractives)	
d	$(d-\bar{d})^2$	d	$(d-\bar{d})^2$	d	$(\bar{d}-d)^2$	d	$(\bar{d}-d)^2$	d	$(d-\bar{d})^2$
+10,2	65,77	+4,1	9,18	− 5,4	21,99	+20,7	175,82	+9,7	64,16
+ 6,6	20 34	+2,8	2,99	+ 9,8	110,46	+15,6	66,58	+5,9	17,72
− 6,7	77,26	−5,3	40,57	−15,6	221,71	− 8,7	260,49	−5,6	53,14
+ 7,1	25,10	+2,2	1,27	+ 5,9	43,69	+11,4	15,68	+5,8	16,89
+ 0,7	1,93	+3,4	5,42	+ 4,9	31,47	+ 2,5	24,40	−0,2	3,57
+ 4,9	7,89	+7,1	36,36	+ 2,0	7,37	+13,8	40,44	+2,3	0,37
+ 1,6	0,24	+2,9	3,34	− 2,7	3,96	+ 6,4	1,08	+1,0	0,47
−10,3	153,51	−6,4	55,80	+ 3,5	17,72	−22,3	884,46	−8,5	103,83
+ 2,6	0,26	+2,7	2,65	− 4,1	11,49	+ 6,2	1,53	+1,7	0,00
+ 2,7	0,37	−0,2	1,61	− 6,6	34,69	+ 5,3	4,54	+3,1	1,89
+ 3,6	2,28	−1,5	6,60	+ 0,4	1,23	+ 8,7	1,58	+3,4	2,92
$\pm s$	5,938		4,071		7,111		12,151		5,148
d	2,09		1,07		-0,71		7,44		1,69
t	1,163		0,868		0,328		2,029		1,087

t − theretisch = 2,23 (α < 0,05; FG = 10)

den Tagen wurden mit den analogen Einzelwerten aus der Gesamtkotmenge (abzüglich 200 g für die Indikatormethode) statistisch verrechnet (Tab. 10).

Die im paarweisen Mittelwertvergleich geprüften Differenzen waren über den t-Test bei $\alpha < 0{,}05$ nicht signifikant.

Über den χ^2-Test wurden mögliche Differenzen der Streuung geprüft. Hier ergaben sich für die scheinbare Verdaulichkeit des Rohproteins und des Rohfettes geringfügige, in einzelnen Fällen schwach gesicherte Differenzen. Für beide Nährstoffe sind die analytischen Unsicherheiten bekannt.

5. Empfehlung zur Durchführung von Verdauungsversuchen an Pferden

5.1. Haltungsbedingungen

Während der Gewöhnungsperiode sind die Pferde in Boxen zu halten. In der Vorperiode sollten als Einstreumaterial Sägespäne Verwendung finden. Während der letzten 3 Tage der Vorperiode und der Hauptperiode sind die Pferde in Ständen auf Gummimatten unterzubringen. Eine Einzelfütterung ist zu sichern.

5.2. Tiermaterial

Es sind adulte Pferde mit gesundem Gebiß zu verwenden. Wallachen ist aus Gründen der besseren Kot-Harn-Trennung der Vorzug zu geben. Zur Prüfung futterspezifischer Einflüsse ist mit vier Paralleltieren zu arbeiten. Für die Prüfung nutzungsspezifischer Einflüsse ist eine größere Tierzahl zu empfehlen.

5.3. Versuchsdauer

Die Etappen des Verdauungsversuches gliedern sich in:

Gewöhnungsperiode	10 Tage
Vorperiode	7 Tage
Hauptperiode	6 Tage

In der Gewöhnungsperiode ist die Aufnahme aller Rationskomponenten zu sichern. Die Vorperiode dient der Gewährleistung der Aufnahme der in der Hauptperiode zu verabreichenden Futtermenge.

5.4. Ernährungsniveau

Das Ernährungsniveau ist entsprechend der täglichen Belastung der Versuchspferde festzulegen.

Folgende Richtwerte werden empfohlen:

Ruhe und leichte Bewegung (Schritt) 26–28 EFr/kg $LM^{0,75}$, 3 g vRP/kg $LM^{0,75}$*

leichte Arbeit (Schritt u. Trab) 32–34 EFr/kg $LM^{0,75}$, 3–4 g vRP/ kg$LM^{0,75}$*

mäßige Arbeit (Schritt, Trab, Galopp u. Springen) 44–46 EFr/kg $LM^{0,75}$, 4 g vRP/ kg $LM^{0,75}$*

Für die Berechnung der Futterrationen für die Einzeltiere und die Pferde am 4. Tag der Vorperiode wird empfohlen, nüchtern zu wiegen. Am 1. Tag nach Versuchsende erfolgt die Wägung zur Kontrolle der Lebendmasse. Lebendmasseveränderungen $< \pm 3\,\%$ sind als unbedeutend anzusehen.

* nach PFERDEKAMP (1978)

5.5. Futterbereitstellung und Fütterung

Um einen unterschiedlichen Trockensubstanzgehalt der Futtermittel zu eliminieren, muß die Futtereinwaage für die Hauptperiode, einschließlich der letzten 3 Tage der Vorperiode an einem Tag mahlzeitengerecht erfolgen. Während der Futtereinwaage ist eine repräsentative Probe der einzelnen Rationskomponenten zur Bestimmung des Rohnährstoffgehaltes zu entnehmen.

Da bei den Versuchspferden eine relativ große Differenz in der Lebendmasse vorhanden sein kann, ist zur exakteren Berücksichtigung der Stoffwechselgröße, die metabolische Lebendmasse ($LM^{0,75}$) als Grundlage für die Rationsberechnung zu verwenden. Das ist umso notwendiger, als die Verdauungsversuche an Pferden im Regelfall unter genormter aktiver Bewegung durchgeführt werden.

Die Fütterung erfolgt in Abhängigkeit von der Futtermenge 2–3mal täglich. Der zeitliche Abstand zwischen den Mahlzeiten sollte bei einer zweimaligen Fütterung mindestens 8 Stunden betragen.

5.6. Entnahme und Aufbereitung der Kotproben

Aus dem nach der Morgenmahlzeit zuerst anfallenden Kot sind nach gründlicher Durchmischung 200 g zu entnehmen und in einem verschließbaren Gefäß einzufrosten. Die Probengewinnung beginnt am 2. Tag der Hauptperiode und endet am 1. Tag nach der Hauptperiode. Der eingefrorene Kot wird bei 60 °C bis zum lufttrockenen Zustand getrocknet.

Der Kot wird bei einem Siebdurchgang von 0,7 mm gemahlen. Die Bestimmung der Rohnährstoffe erfolgt nach TGL 80-21875. Die Bestimmung der 4 N HCl-unlöslichen Asche erfolgt in folgender Weise:

10 g der lufttrockenen Substanz (bei sehr rohfaserreichem Material 7 g) werden in ein 400 ml Becherglas eingewogen. Mittels Meßzylinder werden 100 ml 4 N HCl hinzugegeben. Das Becherglas wird mit einem Uhrglas abgedeckt, der Inhalt langsam zum Sieden erhitzt und 30 Minuten gekocht. Anschließend wird das Uhrglas mit heißem Wasser abgespült und durch den Analysenfilter 389 (mittelweitporig) filtriert. Becherglas und Analysenfilter werden mit heißem Wasser ausgewaschen, bis zur Säurefreiheit. Der feuchte Analysenfilter wird in einem vorher ausgeglühten, im Exikkator abgekühlten und gewogenen Porzellantiegel (B 60) gegeben und 5–6 Stunden bei 600 °C verascht.

Anschließend wird die 4 N HCl-unlösliche Asche ausgewogen.

$$\text{Berechnung: } \frac{\text{Auswaage} \times 100}{\text{Einwaage}} = \% \text{ 4 N HCl-unlösliche Asche}$$

Die Ermittlung erfolgt in 3facher Wiederholung, bei Einhaltung einer maximalen Abweichung von 0,05 % (absolut) im Futter und 0,2 % (absolut) im Kot. Die Berechnung der Verdaulichkeit der Rohnährstoffe erfolgt nach der unter 2. genannten Formel.

Zusammenfassung

Die Ermittlung der Verdaulichkeit der Rohnährstoffe in Rationen beim Pferd verlangt nach der Einbeziehung der an Bewegung gebundenen Leistung als Einflußfaktor. Unter Berücksichtigung dieser Forderung gewinnen Indikatormethoden gegenüber der Standardmethode mit totaler Kotsammlung an Bedeutung.

In zwei Versuchen wurde die Verdauung der Rohnährstoffe in Rationen bei Pferden nach der Standardmethode (Gesamtkotsammlung) und der Indikatormethode (4 N HCl-unlösliche Asche) geprüft. Bei leicht erhöhter Verdaulichkeit der Rohnährstoffe nach der Indikatormethode waren die Differenzen zu den nach der Standardmethode ermittelten Werten statistisch nicht zu sichern. Unter Berücksichtigung der Inhomogenität des Pferdekotes und des möglichen Verzichtes auf die totale Kotsammlung, ist der Indikatormethode mit 4 N HCl-unlöslichen Asche gegenüber der Standardmethode der Vorzug zu geben. Die mit der Indikatormethode verbundene Analyse des lufttrockenen Kotes führte durch die wesentlich bessere Homogenität zu einer verbesserten Reproduzierbarkeit. Es wird eine Empfehlung zur Durchführung von Verdauungsversuchen an Pferden bei Anwendung der 4 N HCl-Indikatormethode gegeben.

Резюме

Р. Фукс, Хельга Милитц и М. Хоффманн

Исследование по переваримости сырых питательных веществ у лошадей. 1-ое сообщ.: Методы для определения переваримости

При определении переваримости сырых питателных веществ в рационах для лошадей ноебходимо учитывать движение как параметр продуктивности. При наблюдении этого оказазываются индикаторные методы благополучнее по сравнению со стандартными способами с общим сбором кала.

В двух опытах на лошадях определилось переварение сырых питательных веществ рационов с помощью стандартного метода (общий сбор кала) или индикаторного способа (зола, нерастворимая в 4 N HCl).

Различия между обоими методами являлись только недостоверными, хотя при использовании индикаторного метода получены легко повышенные результаты относительно переваримости сырых питательных веществ.

При учитывании негомогенности кала лошади и возможного отказа от общего сбора кала обнаружили, что индикаторный метод с помощью золы, нерастворяющейся в 4 N HCl, лучше стандартного способа. При применении индикаторного метода проводились анализы в воздешно-сухом кале, где значительно луше гомогенность вела к лучшему воспроизведению. Рекомендуется использование 4 N HCl-индикаторного метода при проведении переваримых опытов на лошадях.

Summary

R. Fuchs, Helga Militz and M. Hoffmann

Studies of the digestibility of crude nutrients in horses. 1. Methods of determining digestibility

The ascertainment of the digestibility of crude nutrients in rations for horses requires the inclusion of movement-based performance as influencing factor. Under the consideration of this requirement, indicator methods gain significance in comparison with the standard method of collecting faeces completely. In two experiments the digestion of the crude nutrients in rations for horses was tested according to the standard method (complete collection of faeces) and the indicator method 4 N HCl-insoluble ash). According to the indicator method the digestibility of crude nutrients was slightly higher, the differences to the values of the standard method were statistically insignificant. Under consideration of the inhomogeneity of horse faeces and the possibility of doing without the complete collection of faeces, the indicator method with 4 N HCl-insoluble ash is to be preferred to the standard method. The analysis of air-dried faeces connected with the indicator method resulted in improved reproducibility due to the significantly better homogeneity. A recommendation is made for carrying out digestibility experiments with horses, in which the 4 N HCl indicator method is used.

Literaturverzeichnis

[1] AUTORENKOLLEKTIV: Das DDR-Futterbewertungssystem. VEB Deutscher Landwirtschaftsverlag Berlin (1976)

[2] ENDERS, H.: Ein Beitrag zur Verdaulichkeitsbestimmung von Futterrationen nach dem Indikatorverfahren mit Hilfe von Chromoxid bzw. der unlöslichen Restasche. Diss., München (1973)

[3] HAENLEIN, C. F., R. C. SMITH and U. M. YOON: J. Anim. Sci. **25**, 1091 (1966)

[4] HOFFMANN, M. und R. FUCHS: Die Verdaulichkeit der Rohnährstoffe verschiedener Futtermittel beim Pferd. Vortrag III. Internationales Wissenschaftliches Symposium, Züchterische Weiterentwicklung des Sportpferdes, Leipzig (1979)

[5] MCCARTHY, J. F., F. X. AHERNE and D. B. OKAT: Can. J. Anim. Sci. **54**, 107 (1974)

[6] MCCARTHY, J. F., J. P. BOWLAND and F. X. AHERNE: Can. J. Anim. Sci. **57**, 131 (1977)

[7] PFERDEKAMP, M.: Einfluß steigender Proteinmengen auf den Stoffwechsel des Pferdes. Diss. Hannover (1978)

[8] SCHIEMANN, R.: Arch. Tierernähr. **31**, 1 (1981)

[9] SUTTON, E. I., I. P. BOWLA und I. F. Mc CARTHY: Can. J. Anim. Sci. **57** 3 und 543 (1977)

[10] WEBER, E.: Grundriß der biologischen Statistik. VEB Gustav Fischer Verlag Jena (1972)

Eingegangen: 12. Juli 1985

Anschrift der Autoren

Prof. Dr. sc. Manfred HOFFMANN
Karl-Marx-Universität Leipzig
Sektion Tierproduktion und Veterinärmedizin
Wissenschaftsbereich Tierfütterung und Ernährungsschäden
Margarete-Blank-Str. 8
Leipzig
7010
DDR

Dr. Rudolf FUCHS und Agr. Ing. Helga MILITZ
Karl-Marx-Universität Leipzig
Sektion Tierproduktion und Veterinärmedizin
Lehr- und Versuchsstation Abtnaundorf
Heiterblickstr. 17
Leipzig
7024
DDR

Arch. Tierernähr., Berlin 37 (1987) 3, 247–259

Sektion Tierproduktion und Veterinärmedizin der Karl-Marx-Universität Leipzig,
Wissenschaftsbereich Tierernährungschemie und Lehr- und Versuchsstation Remderoda

W. I. OCHRIMENKO, G. FLACHOWSKY, G. RICHTER und A. HENNIG

Untersuchungen zum Einsatz von unterschiedlich behandeltem Weizenstroh in der Mastrinderfütterung unter besonderer Berücksichtigung von mit Harnstoff konserviertem Feuchtstroh

2. Mitteilung

Mast- und Schlachtergebnisse bei ad-libitum-Fütterung

1. Einleitung und Problemstellung

Während zum Rohnährstoffgehalt und zur Verdaulichkeit des mit Harnstoff konservierten Feuchtstrohs der Literatur verschiedene Hinweise entnommen werden können (s. 1. Mitt., ORCHRIMENKO u. a., 1986), wurde bisher kaum über Ergebnisse von langfristigen Fütterungsversuchen mit Mastbullen nach Einsatz von derartigen behandeltem Stroh berichtet.

In Anlehnung an den pair fed-Versuch (1. Mitt., OCHRIMENKO u. a., 1986) wurde in einem Fütterungsversuch (Versuch 1) den Bullen Häckselstroh, mit Harnstoff konserviertes Feuchtstroh, mit NaOH defibrilliertes Stroh bzw. mit NaOH pelletiertes Stroh ad libitum angeboten. Im zweiten Fütterungsversuch (Versuch 2) erhielten die Mastbullen Häckselstroh bzw. mit zwei verschiedenen Harnstoffdosen konserviertes Feuchtstroh.

Über die Ergebnisse der im Zusammenhang mit beiden Fütterungsversuchen durchgeführten Untersuchungen wird in vorliegender Mitteilung berichtet.

2. Material und Methodik

Im Versuch 1 kamen vier unterschiedlich behandelte Weizenstrohchargen gleicher Herkunft und Sorte (*Alcedo*) zum Einsatz:

1. Gehäckseltes Weizenstroh guter Qualität; mittlere Häcksellänge: 5 cm.
2. Harnstoffkonserviertes feuchtes Weizenstroh. Gehäckseltes feuchtes Stroh (47 % Trockensubstanz, TS) wurde in ein Horizontalsilo eingelagert, gleichmäßig mit Harnstoff (4 %, bezogen auf TS) versetzt, festgefahren und mit Folie abgedeckt. Nach mindestens acht Wochen Lagerung wurde das Stroh verfüttert.
3. Defibrilliertes Weizenstroh. Gehäckseltes Stroh wurde mit Hilfe einer Zahnscheibenmühle vom Typ HG-N 1 unter Zusatz von NaOH (400 l 1 %ige NaOH je 100 kg Stroh) defibrilliert. Das Stroh wurde vor der Verfütterung mindestens zwei Tage zwischengelagert und gelangte unausgewaschen zum Einsatz.
4. NaOH-Strohpellets. Gehäckseltes Weizenstroh wurde auf einer Hammermühle zerkleinert und unter Zusatz von ≈10 l einer 19 %igen NaOH je 100 kg Stroh mit einer Pelletierpresse vom Typ 50/2 pelletiert.

Im Versuch 2 wurde gehäckseltes Weizenstroh der Sorte *Alcedo* mit Harnstoff konserviertem Feuchtstroh (TS-Gehalt des Strohs: 56 %; 2,5 bzw. 5 % Harnstoff, bezogen auf TS) verglichen. Die Strohaufbereitung erfolgte wie in Versuch 1.

Parallel zu den Fütterungsversuchen wurden auf der Grundlage der von SCHIEMANN (1981) gegebenen Empfehlungen Verdauungsversuche an je fünf Hammeln durchgeführt.

In beiden Fütterungsversuchen erhielten die Mastbullen (28 je Versuch) der Rasse Schwarzbuntes Milchrind neben den unterschiedlichen Strohchargen 2 kg Konzentratmischung je Tier und Tag, die in zwei Tagesgaben verabreicht wurden. Die Konzentratmischung hatte folgende Zusammensetzung: 35 % Gerste, 34,25 % Weizen, 20 % Sojaextraktionsschrot, 4 % Zuckerrübenvollschnitzel, 2,5 % Harnstoff, 3,5 % Mineralstoffmischung mit 16,1 % P, 0,75 % Mileipan-Konzentrat. Die nicht mit Feuchtstroh gefütterten Bullen erhielten einen N-Ausgleich mit Harnstoff, um eine isonitrogene Rationsgestaltung zu gewährleisten. Versuch 2 wurde zweifaktoriell angelegt, da neben den Strohchargen ein Pansenfermoregulator zum Einsatz kam. Am Ende beider Versuche war die versuchsmäßige Ausschlachtung repräsentativer Tiere (V1: 5 Bullen; V2: 6 Bullen je Gruppe) mit annähernd gleicher Endmasse vorgesehen. Infolge der geringen Tageszunahmen der mit Häckselstroh gefütterten Bullen wurde im V 1 auf die Schlachtung dieser Tiere verzichtet. Weitere versuchsmethodische Einzelheiten sind der Arbeit von OCHRIMENKO (1984) bzw. der 1. Mitt. (ORCHRIMENKO u. a., 1986) zu entnehmen.

3. Ergebnisse und Diskussion

3.1. Verdaulichkeit

Im Versuch 1 stieg in Übereinstimmung mit dem pair fed-Versuch (OCHRIMENKO u. a. 1986) die Verdaulichkeit der organischen Substanz und Energiekonzentration des mit Harnstoff konservierten Feuchtstrohes gegenüber Häckselstroh nur unwesentlich an (Tab. 1).

Eine Ursache könnte die im Versuch 1 nur kurzfristige Erwärmung (5 Tage >40 °C) der Strohmiete darstellen. Im Versuch 2 wurden dagegen in beiden Strohchargen (2,5 und 5 % Harnstoffzusatz) Temperaturen von 40 bis 60 °C über 60 Tage lang gehalten. In diesem Versuch stieg die Verdaulichkeit der organischen Substanz von 48 nach Zusatz von 2,5 bzw. 5 % Harnstoff auf 56 bzw. 59 % an (Tab. 1). Diese und aus der Literatur (BLOCK, 1983; HENNIG u. a., 1979; RICHTER u. a., 1980; SCHMIDT und WEISSBACH, 1982) bekannte Ergebnisse weisen darauf hin, daß die Verdaulichkeit der organischen Substanz des mit Harnstoff konservierten Feuchtstrohes durch Trockensubstanzgehalt, Temperatureinwirkung sowie Lagerungsdauer beeinflußt werden kann. Die im Versuch 1 bei mechanisch-chemisch behandeltem Stroh ermittelte Verdaulichkeit der Rohnährstoffe sowie die Energiekonzentration (Tab. 1) unterscheiden sich nur unbedeutend von den im pair fed-Versuch erzielten Ergebnissen (OCHRIMENKO u. a., 1986). Der Anstieg der Verdaulichkeit der organischen Substanz des mechanisch-chemisch behandelten Strohs ist bedeutend höher (11 bzw. 20 Einheiten) als bei dem mit Harnstoff konserviertem Material (Tab. 1).

Tabelle 1 (Table 1)

Einfluß verschiedener Behandlungsverfahren auf die Verdaulichkeit (%) der organischen Substanz und der Rohkohlenhydrate sowie die Energiekonzentration von Weizenstroh (Versuche 1 und 2, $n=5$)

(Influence of different treatments on the digestibility [%] of the organic matter and of crude carbohydrates as well as on the energy concentration of wheat straw, experiments 1 and 2, $n=5$)

	Verdaulichkeit (%) (Digestibility, %)		Energiekonzentration (Energy concetration)
	Organische Substanz (Organic matter)	Rohkohlenhydrate (Crude carbohydrates)	EFr/kg TS [EFU_{Cattle}/kg DM)
Versuch 1 (Experiment 1)			
Häckselstroh (Chopped straw)	46,0 ± 4,1	48,1 ± 3,5	339
Feuchtstroh (4 % Harnstoff, bezogen auf TS) (Wet straw, 4 % urea in DM)	49,4 ± 8,0	52,6 ± 8,3	373
Defibrilliertes Stroh +4 % NaOH, bezogen auf TS (Defibrillated straw +4 % NaOH in DM)	56,9 ± 7,8	62,0 ± 8,1	437
Strohpellets +2 % NaOH, bezogen auf TS (Straw pellets +2 % NaOH in DM)	66,2 ± 3,3	69,4 ± 2,5	455
Versuch 2 (Experiment 2)			
Häckselstroh (Chopped straw)	48,1 ± 4,9	47,0 ± 5,4	330
Feuchtstroh (2,5 % Harnstoff, bezogen auf TS) (Wet straw, 2.5 % urea in DM)	56,5 ± 4,2	59,8 ± 4,4	397
Feuchtstroh (5 % Harnstoff, bezogen auf TS) (Wet straw, 5 % urea in DM)	58,5 ± 4,9	61,1 ± 4,5	403

3.2. Fütterungsversuche

3.2.1. Futter-, Energie- und Proteinaufnahme

Durch die Konservierung des Feuchtstrohes mit 4 (V 1) bzw. 2,5 und 5 % Harnstoff (V 2) wurde der Strohverzehr um 1,45 bzw. 2,04 und 1,77 kg TS/Tier und Tag im Vergleich zu Häckselstroh signifikant verbessert (Tab. 2 und 3). In den Versuchen von POTTHAST u. a. (1980), BIRNKAMMER (1980) und o. V. (1980) nahmen die Milchkühe über 8 kg mit wasserfreiem NH_3 behandeltes Stroh auf. Durch die Behandlung des Strohs mit wasserfreiem NH_3 (BABITSCH u. a., 1981; FLACHOWSKY u. a., 1984/85; o. V., 1983) wurde auch bei Mastbullen die Futteraufnahme um 30 bis 40 bzw. 13 % verbessert. Dagegen konnten FLACHOWSKY u. a. (1981) sowie HENNIG u. a. (1979) keinen Unterschied in der Trockensubstanzaufnahme zwischen Häckselstroh und mit Harnstoff konserviertem Feuchtstroh ermitteln. Über eine Verminderung der

Tabelle 2 (Table 2)

Mastergebnisse bei ad libitum-Verfütterung von unterschiedlich behandeltem Stroh an Mastbullen (V 1, 252 Versuchstage; $n=7$; Anfangsmasse: 235,3 ± 12,0 kg/Tier)

(Fattening results after ad libitum feeding of differently treated straw to fattening bulls [exp. 1, 252 experimental days; $n=7$; initial weight: 235.3 ± 12.0 kg/animal])

	Häckselstroh (Chopped straw)	Feuchtstroh (4 % Harnstoff) (Wet straw, 4 % urea)	Defibrilliertes Stroh, 4 % NaOH (Defibrillated straw, 4 % NaOH)	Strohpellets (Straw pellets) (2 % NaOH)	$GD_{0,05}$*
Trockensubstanzverzehr, insgesamt (kg/Tier und Tag) (Dry matter intake, total, kg/animal and day)	5,53 ± 0,34	6,98 ± 0,42	6,63 ± 0,51	7,31 ± 0,46	0,58
– davon Stroh (From straw)	3,68 ± 0,29	5,13 ± 0,42	4,78 ± 0,53	5,46 ± 0,43	0,62
Energieaufnahme (kEFr/Tier und Tag) (Energy intake, $kEFU_{cattle}$/animal and day)	2,09 ± 0,18	2,78 ± 0,14	3,01 ± 0,20	3,48 ± 0,22	0,24
Verdauliches Rohprotein (g/Tier und Tag) (Digestible crude protein, g/animal and day)	521 ± 0,8	519 ± 11	517 ± 0,8	569 ± 5	>
Lebendmassezunahme (g/Tier und Tag) (Weight gain, g/animal and day)	408 ± 72	671 ± 110	623 ± 106	707 ± 83	139
Trockensubstanzaufwand (kg/kg Zunahme) (Dry matter expenditure, kg/kg gain)	13,55 ± 1,87	10,40 ± 1,54	10,64 ± 1,51	10,34 ± 1,70	2,45
Konzentrataufwand (kg TS/kg Zunahme) (Concentrates expenditure, kg/kg gain)	4,52 ± 0,98	2,76 ± 0,48	2,97 ± 0,62	2,65 ± 0,29	0,95
Energieaufwand (kEFr/kg Zunahme) (Energy expenditure, $kEFU_{cattle}$/kg gain)	5,12 ± 0,74	4,15 ± 0,62	4,82 ± 0,71	4,92 ± 0,79	>

* $GD_{0,05}$ = Grenzdifferenz ($\alpha < 0,05$) (= Boundary difference ($\alpha < 0.05$))

Tabelle 3 (Table 3)

Mastergebnisse bei ad libitum-Fütterung von unterschiedlich behandeltem Stroh an Mastbullen (V 2; 168 Versuchstage, $n=4$ bzw. 5, Anfangsmasse: 237,5 ± 16,1 kg/Tier)
(Fattening results after ad libitum feeding of differently treated straw to fattening bulls [exp. 2; 168 experimental days; $n=4$ and 5, resp.; initial weight: 237.5 ± 16.1 kg/animal])

	Häckselstroh (Chopped straw)		Feuchtstroh (2,5 % Harnstoff) (Wet straw, 2.5 % urea)		Feuchtstroh (5 % Harnstoff) (Wet straw, 5 % urea)		GD 0,05 (BD 0.05)
Ergotropikaapplikation (Application of ergotropica)	−	+		+	−	+	
Trockensubstanzverzehr, insgesamt (kg/Tier/Tag) (Dry matter intake, total, kg/animal and day)	5,36 ± 0,23	5,48 ± 0,25	7,40 ± 0,36	7,18 ± 0,37	7,11 ± 0,23	7,45 ± 0,33	0,57
– davon Stroh (From straw)	3,58 ± 0,2	3,72 ± 0,25	5,63 ± 0,37	5,41 ± 0,41	5,35 ± 0,23	5,68 ± 0,30	0,57
Energieaufnahme (kEFr/Tier und Tag) (Energy intake, $kEFU_{cattle}$/animal and day)	2,02 ± 0,06	2,06 ± 0,04	3,07 ± 0,13	3,07 ± 0,23	3,00 ± 0,09	3,12 ± 0,12	0,20
Verdauliches Rohprotein (g/Tier und Tag) (Digestible crude protein, g/animal and day)	478 ± 2	479 ± 1	478 ± 8	474 ± 9	499 ± 8	491 ± 7	>
Lebendmassezunahme (g/Tier und Tag) (Weight gain, g/animal and day)	501 ± 70	538 ± 81	636 ± 47	784 ± 61	636 ± 35	894 ± 48	116
Trockensubstanzaufwand (kg/kg Zunahme) (Dry matter expenditure, kg/kg gain)	10,70 ± 2,02	10,18 ± 2,20	11,67 ± 0,94	9,16 ± 1,03	11,18 ± 0,30	8,35 ± 0,71	2,70
Konzentrataufwand (kg TS/kg Zunahme) (Concentrates expenditure, kg DM/kg gain)	3,55 ± 0,61	3,31 ± 0,61	2,79 ± 0,20	2,27 ± 0,20	2,79 ± 0,17	1,99 ± 0,11	0,74
Energieaufwand (kEFr/kg Zunahme) (Energy expenditure, $kEFU_{cattle}$/kg gain)	4,03 ± 0,74	3,83 ± 0,80	4,83 ± 0,38	3,92 ± 0,46	4,72 ± 0,16	3,49 ± 0,26	1,00

Trockensubstanzaufnahme bei Fütterung von NH_3-konserviertem Heu an Milchkühe berichtet KÜNTZEL (1982).

Bei ad libitum-Angebot der vier Strohchargen (V 1, Tab. 2) verzehrten die Mastbullen infolge erhöhter Passagerate signifikant größere Mengen vom chemisch-mechanisch behandelten Stroh im Vergleich zu Häckselstroh. Vom defibrillierten Stroh wurden 1,10 und vom pelletierten Stroh 1,78 kg TS/Tier und Tag mehr verzehrt als bei unbehandeltem Material. Obwohl die mit defibrilliertem Stroh gefütterten Bullen weniger Trockensubstanz als die mit Harnstoff konserviertem Feuchtstroh gefütterten Tiere verzehrten (Tab. 2), war die Energieaufnahme infolge des deutlicheren Aufschlußeffektes (Tab. 1) signifikant höher.

3.2.2. Lebendmassezunahme

Die mit Häckselstroh gefütterten Tiere nahmen im V 1 (408 g/Tier und Tag) gegenüber pair fed-Versuch (447 g/Tier und Tag) trotz höherer Energieaufnahme (2,09 bzw. 1,93 kEFr/Tier und Tag) weniger zu. Eine Ursache besteht in der höheren Anfangsmasse der Bullen im V 1 (235,7 kg/Tier) gegenüber pair fed-Versuch (156,4 kg/Tier). In Übereinstimmung mit den Ergebnissen des pair fed-Versuches nahmen die Bullen der Versuchsgruppen signifikant mehr zu als die mit unbehandeltem Häckselstroh gefütterten Kontrolltiere (Tab. 2). Durch den Harnstoffzusatz bei der Strohkonservierung erhöhte sich die Zunahme im Versuch 1 um 263 g je Tier und Tag im Vergleich zur Kontrollgruppe. Die mechanisch-chemische Behandlung des Strohes verbesserte in beiden Versuchsgruppen mit NaOH-aufgeschlossenem Stroh die Zunahme der Mastbullen um 53 (defibrilliertes Stroh) und 73 % (NaOH-Strohpellets, Tab. 2). WOLF (1979) konnte beim Einsatz von mit NaOH aufgeschlossenen Strohpellets in der Bullenmast (ad libitum-Fütterung; 2 kg Konzentrat je Tier und Tag) Lebendmassezunahmen von $\approx$850 g/Tier und Tag ermitteln. Die im eigenen Versuch (V 1) mit NaOH-Strohpellets erzielten Tageszunahmen ($\approx$700 g) können demgegenüber nicht befriedigen und liegen auch unter den aus der Literatur (HENNIG u. a., 1979; KOPYL, 1973) bekannten Angaben.

FLACHOWSKY u. a. (1981) fütterten an Mastbullen über 105 bzw. 84 Versuchstage 2 kg Konzentrat je Tier und Tag und mit Harnstoff (2,5 bzw. 4 %) silageähnlich gelagertes Stroh ad libitum. Die mittleren täglichen Zunahmen betrugen 660 bzw. 620 g und sind mit den in den Versuchen 1 und 2 ermittelten Ergebnissen vergleichbar. Die unterschiedliche Harnstoffsupplementation hatte im V 2 bei den nicht mit Ergotropika ergänzten Rationen trotz Differenzen in der Trockensubstanzaufnahme keinen Einfluß auf die Höhe der Lebendmassezunahme (Tab. 3). Demgegenüber bewirkte der Ergotropikazusatz, der hier nicht diskutiert wird, signifikant höhere Zunahmen im Vergleich zu den unsupplementierten Varianten (148 bzw. 258 g/Tier und Tag, Tab. 3) und sollte Anlaß zu weiteren Untersuchungen sein.

3.2.3. Futter-, Energie- und Proteinaufwand

In beiden Versuchen bewirkten die höheren Tageszunahmen nach Einsatz von behandeltem Stroh bei konstanter Konzentratgabe eine signifikante Senkung des Konzentrataufwandes, während der Trockensubstanzaufwand vom Trockensubstanzverzehr und der Steigerung der Lebendmassezunahme sowie der Energieaufwand außerdem von der Höhe des Aufschlußeffektes bzw. dem Energiemehrverzehr abhängen (Tab. 2 und 3).

In Auswertung der erzielten Ergebnisse ergibt sich im V 1 ein Einsparung von Konzentraten in Höhe von 5,0 bzw. 12,1 kg Trockensubstanz je kg eingesetzte NaOH bei Verabreichung von defibrilliertem bzw. pelletiertem Stroh. Für die mit Feuchtstroh erzielten Ergebnisse schwanken diese Werte in Abhängigkeit von der Harnstoffdosis, der Strohaufnahme und der Lebendmassezunahme zwischen 1,8 und 7,4 kg Konzentrat-Trockensubstanz je kg Harnstoffzusatz.

3.2.4. Schlachtergebnisse

Die Auswertung der im V 1 erzielten Schlachtergebnisse wird dadurch erschwert, da die Tiere der Kontrollgruppe nicht die erforderliche Endmasse (430 kg/Tier) erreichten und deshalb auf die Schlachtung verzichtet wurde.

Im Versuch 2 bestanden bei annähernd gleicher Mastendmasse der Bullen aller Gruppen ($\approx$450 kg/Tier) keine wesentlichen Unterschiede im Schlachtergebnis der mit Häckselstroh bzw. Feuchtstroh gefütterten Tiere, so daß die Feuchtstrohgruppe im V 1 als Kontrollvariante betrachtet werden kann.

Die Masse des Magen- und Darminhaltes der ungenüchterten Bullen ist von der Trockensubstanzaufnahme und der Passagerate der Futtermittel abhängig. Im Versuch 2 betrug der Magen- und Darminhalt in den mit Feuchtstroh, defibrilliertem bzw. pelletiertem Stroh gefütterten Versuchsgruppen 112,3; 106,9 und 93 kg/Tier bzw. $\approx$25,5; 24,7 und 21,4 % der Mastendmasse. Die Tiere der Strohpelletgruppe wiesen in Übereinstimmung mit Ergebnissen von Wolf (1979) den geringsten Mageninhalt auf, obwohl die Trockensubstanzaufnahme höher als bei den Tieren der anderen Gruppen war (Tab. 2). Im Versuch 2 wurde ein annähernd gleicher Magen- und Darminhalt bei den mit Häckselstroh und Feuchtstroh mit 2,5 bzw. 5 % Harnstoffzusatz ermittelt (113,6 und 115,0 bzw. 112,7 kg).

Für die Zweihälftenmasse konnten in V 1 (48,0–50,5) und V 2 (48,0–50,2 % der Mastendmasse) keine signifikanten Unterschiede zwischen den Gruppen ermittelt werden (Tab. 4). Die Pelletierung des Strohes mit NaOH bewirkte im Vergleich zu den anderen Strohbehandlungen neben der Erhöhung der Nettozunahmen einen Anstieg des Fleischertrages (Tab. 4). Ähnliche Ergebnisse ermittelten Grizei und Solnzev (1980) bei Verfütterung von mit NaOH aufgeschlossenen Strohpellets an Mastbullen.

Die Nieren der mit NaOH-Stroh gefütterten Tiere waren signifikant schwerer als die der Feuchtstroh-Bullen (Tab. 4). Die Nierenvergrößerung nach Verfütterung von NaOH-behandelten Futtermitteln deutet nach Wolf (1979) und Wolfram (1980) auf eine funktionelle Hypertrophie hin und ist keinesfalls nur dem Na anzulasten, wie auch die höhere Nierenmasse nach Strohpelleteinsatz gegenüber den mit defibrilliertem Stroh gefütterten Bullen zeigt (Tab.4). Die Tiere der Strohpelletgruppe nahmen täglich 35 g Na weniger auf als die mit defibrilliertem Stroh gefütterten Bullen. Bemerkenswert ist von den in Tabelle 4 dargestellten Schlachtkriterien der signifikant höhere Innenfettgehalt nach Einsatz NaOH-behandelter Strohpellets. Dieser Befund ist Ausdruck der höheren Fütterungsintensität und bestätigt bereits früher erzielte Ergebnisse (Flachowsky, 1978; Wolf, 1979).

Tabelle 4 (Table 4)
Ausgewählte Schlachtergebnisse nach Verfütterung von unterschiedlich behandeltem Weizenstroh (V 1, $n=5$)
(Selected slaughter results after feeding of differently treated wheat straw [exp. 1; $n=5$])

	Feuchtstroh (Wet straw) (4 % Harnstoff) (4 % urea)	defibrilliertes Stroh, 4 % NaOH (Defibrillated straw) (4 % NaOH)	Strohpellets (Straw pellets) (2 % NaOH)	$GD_{0,05}$ ($BD_{0,05}$)
Mastdauer (Tage) (Fattening period, days)	274	285	263	
Mastendmasse (kg/Tier) (Final weight, kg/animal)	439,2 ±10,6	430,8 ±24,5	433,0 ±14,7	>
Schlachtkörperleermasse (kg/Tier) (Weight of empty carcass, kg/animal)	326,9 ± 7,6	323,9 ±17,5	340,0 ±20,3	>
Zweihälftenmasse (kg/Tier) (Carcass weight, kg/animal)	210,8 ± 5,9	206,9 ±13,2	218,7 ± 8,7	>
Fleisch mit Auflagefett (kg/Tier) (Meat with superficial fat, kg/animal)	157,9 ± 6,4	155,6 ±10,6	167,0 ± 8,3	>
Nieren (kg/Tier) (Kidneys, kg/animal)	0,77 ± 0,06	0,94 ± 0,05	1,03 ± 0,15	0,17
Leber (kg/Tier) (Liver, kg/animal)	4,65 ± 0,21	4,31 ± 0,46	5,25 ± 0,38	0,62
Därme, leer (kg/Tier) (Intestines, empty, kg/animal)	6,19 ± 1,22	6,41 ± 0,76	7,97 ± 0,84	1,62
Innenfett, gesamt (kg/Tier) (Total abdominal fat, kg/animal)	7,44 ± 0,99	7,80 ± 1,48	12,94 ± 0,82	1,84
Nieren- und Beckenfett (kg/Tier) (Kidney and pelvis fat, kg/animal)	2,68 ± 0,69	2,35 ± 0,61	4,67 ± 0,77	1,18

3.2.5. Protein-, Trockensubstanz-, Fett- und Energiegehalt

Der mittlere Proteingehalt in der Frischmasse des Schlachttierleerkörpers bzw. in den verzehrbaren Teilen variierte im V 1 von 18,2 bis 18,9 % bzw. 16,7 bis 17,6 % und wurde in Übereinstimmung mit Literaturbefunden (ARSUMANJAN u. a., 1980; FLACHOWSKY, 1978; OTTO u. a., 1980; WOLF, 1979) durch die Rationsgestaltung nicht signifikant beeinflußt (Tab. 5). Die im Versuch 2 ermittelten Werte bestätigen die Ergebnisse des Versuches 1 (Schlachttierleerkörper: 18,1 bis 18,6; verzehrbare Teile: 17,6 bis 18,1 % Protein in der Frischmasse).

Im Gegensatz zum Proteingehalt stieg im V 1 mit zunehmender Fütterungsintensität der Trockensubstanz-, Fett- und Energiegehalt im Schlachtkörper an (FLACHOWSKY, 1978; WOLF, 1979; Tab. 5). Demgegenüber hatte die höhere Energieaufnahme der mit Feuchtstroh gefütterten Tiere im V 2 im Vergleich zur Häckselstrohgruppe keinen signifikanten Einfluß auf den Fett- und Energiegehalt im Schlachtkörper (7,8 bis 9,2 % Fett; 7,6 bis 7,9 MJ/kg Frischmasse) sowie in den verzehrbaren Teilen der Mastbullen.

Tabelle 5 (Table 5)

Trockensubstanz- (%), Protein- (%), Fett- (%) und Energiegehalt (MJ/kg) im Schlachttierleerkörper und in den verzehrbaren Teilen (bezogen auf die Frischmasse V 1, $n=5$)

(Contents of dry matter (%), protein (%), fat (%) and energy (MJ/kg) in the empty carcass and in the edible parts based on fresh matter, experiment 1, $n=5$)

	Feuchtstroh (Wet straw) (4 % Harnstoff) (4 % urea)	Defibrilliertes Stroh (Defibrillated straw) (4 % NaOH)	Strohpellets (Straw pellets) (2 %NaOH)	$GD_{0,05}$ ($BD_{0.05}$)
Schlachttierleerkörper (Empty carcass)				
Trockensubstanz (Dry matter)	34,3 ± 1,1	35,2 ± 1,3	35,7 ± 1,2	>
Protein (Protein)	18,2 ± 0,4	18,9 ± 0,1	18,5 ± 0,6	>
Fett (Fat)	8,4 ± 1,3	9,3 ± 0,9	11,0 ± 0,7	1,7
Energie (Energy)	7,7 ± 0,4	8,2 ± 0,4	8,8 ± 0,3	0,6
Verzehrbare Teile (Edible parts)				
Trockensubstanz (Dry matter)	26,0 ± 1,4	28,1 ± 0,8	28,0 ± 1,5	>
Protein (Protein)	16,7 ± 0,6	17,6 ± 0,4	16,6 ± 0,9	>
Fett (Fat)	6,8 ± 1,5	7,9 ± 1,0	9,1 ± 1,2	2,1
Energie (Energy)	6,7 ± 0,5	7,4 ± 0,3	7,6 ± 0,6	0,9

Der Trockensubstanz-, Fett- und Energiegehalt im Schlachtkörper steht in enger Beziehung zur Innenfettmenge (Tab. 4 und 5).

3.2.6. Protein-, Fett- und Energieansatz

Die mit NaOH-Strohpellets gefütterten Bullen wiesen im V 1 den höchsten Proteinansatz je Tag auf (Tab. 6). Der etwas geringere Proteinansatz trotz höherer Lebendmassezunahme in der Feuchtstrohgruppe (V 1, Tab. 6) gegenüber der mit defibrilliertem Stroh gefütterten Bullen läßt sich durch die niedrigere Energieaufnahme (Tab. 2) und größere Vormagenfüllung bei diesen Tieren erklären, da nach FLACHOWSKY (1978) der tägliche Proteinansatz vor allem von der Leermassezunahme abhängig ist. Höhere Tageszunahmen der mit Feuchtstroh (2,5 und 5 % Harnstoffzusatz) gefütterten Bullen im V 2 hatte einen erhöhten Proteinansatz gegenüber der Kontrollgruppe zur Folge (88 und 94 gegenüber 77 g/Tier und Tag).

Die in beiden Versuchen erzielten Ergebnisse zeigen, daß eine hohe tägliche Proteinsynthese der Mastbullen nur bei einer ausreichenden Energieaufnahme zu erwarten ist, wie auch die von verschiedenen Versuchsanstellern zwischen beiden Parametern ermittelten hochsignifikanten Korrelationskoeffizienten ($r=0,65$ bis 0,86) demonstrieren.

Der tägliche Fettansatz im Schlachttierkörper (V 1: 33 bis 66 g; Tab. 6; V 2: 27 bis 44 g) liegt wesentlich unter den Befunden anderer Autoren (z. B. FLACHOWSKY, 1978; RICHTER, 1981). Die für den Fettansatz erwähnten Befunde sind auch für den Energieansatz zutreffend. Da zwischen Fett- und Energieansatz ein enger Zusammen-

Tabelle 6 (Table 6)
Täglicher Protein-, Fett- und Energieansatz im Schlachttierleerkörper von Mastbullen ($n=5$, V 1)
(Daily gain of protein, fat and energy in the empty carcass of fattening bulls, [$n=5$, exp. 1])

	Feuchtstroh (Wet straw) (4 % Harnstoff) (4 % urea)	Defibrilliertes Stroh (Defibrillated straw) (4 % NaOH)	Strohpellets (Straw pellets) (2 % NaOH)	$GD_{0,05}$ ($BD_{0.05}$)
Protein (g/Tier und Tag) (Protein, g/animal and day)	82,2 ± 6,3	86,2 ± 6,2	130,6 ± 12,3	14,8
Fett (g/Tier und Tag (Fat, g/animal and day)	33,0 ± 15,0	43,0 ± 11,0	76,0 ± 9,0	19,6
Energie (MJ/Tag) (Energy, MJ/day)	3,3 ± 0,5	3,8 ± 0,5	5,5 ± 0,4	0,8
Anteil Fettenergie am Energieansatz (%) (Fat energy as percentage of energy gain)	38,7	44,6	54,5	14,2

hang besteht (FLACHOWSKY, 1978, $r=0{,}98$), ist der Energieansatz im Schlachttierleerkörper in der mit Strohpellets gefütterten Gruppe signifikant höher als bei den mit Feuchtstroh und defibrilliertem Stroh gefütterten Tieren (Tab. 6). Mit zunehmender Fütterungsintensität stieg in Übereinstimmung mit Literaturangaben (PAPSTEIN u. a., 1981; TARVIDAS und BENDIKAS, 1981) der Fettenergieanteil am Energieansatz im V 1 von 38,7 auf 54,5 % an (Tab. 6). Im V 2 bestanden zwischen Kontroll- und Versuchstieren keine wesentlichen Unterschiede ($\alpha > 0{,}05$) im Fett- und Energieansatz.

Zusammenfassung

In Verdauungsversuchen an Hammeln und zwei langfristigen Fütterungsversuchen (V 1: 252; V 2: 168 Versuchstage) mit Mastbullen kam unterschiedlich behandeltes Weizenstroh zum Einsatz. Im V 1 erhielten je sieben Bullen neben 2 kg Konzentrat/Tier und Tag unbehandeltes Häckselstroh (Kontrollgruppe K), mit 4 % Harnstoff konserviertes Feuchtstroh (47 % TS, 1), mit 4 % NaOH defibrilliertes Stroh (2) bzw. mit 2 % NaOH pelletiertes Stroh (3) ad libitum. Im V 2 erhielten je neun Mastbullen Häckselstroh (K) bzw. mit 2,5 % (1) oder 5 % Harnstoff konserviertes Feuchtstroh (56 % TS; 2). Im V 1 stieg die Verdaulichkeit der organischen Substanz von 46,0 (K) auf 49,4 (1), 56,9 (2) bzw. 66,2 % (3) an, für V 2 wurden 48,1 (K), 56, 3 (1) bzw. 58,5 % (2) ermittelt.

Durch den Harnstoffzusatz bei der Feuchtkonservierung von Stroh und die mechanisch-chemische Behandlung stiegen die Strohaufnahme (V 1: 3,7; 5,1; 4,8 bzw. 5,5, V 2: 3,6; 5,5 bzw. 5,5 kg TS/Tier und Tag), die Energieaufnahme aus Stroh und die Lebendmassezunahme (V 1: 408; 671, 623 bzw. 707; V 2: 520, 710 bzw. 765 g/Tier und Tag für die Gruppen K und 1 bis 3 bzw. 1 und 2) signifikant an, der Konzentrataufwand verminderte sich.

Durch die Strohbehandlungen wurden das Schlachtergebnis, die Schlachtkörperzusammensetzung und der Energie- und Proteinansatz beeinflußt. Dabei erhöhten sich vor allem beim Einsatz von NaOH-Strohpellets der Fettgehalt sowie der tägliche Protein- und Energieansatz.

Резюме

В. И. Охрименко, Г. Флаховски, Г. Рихтер и А. Хенниг

Исследования по применению обработанной различными методами пшеничной соломы при откорме крупного рогатого скота с особым учётом консервирования влажной соломы мочевиной. 2-ое сообщ.: Результаты откорма и убоя бычков при кормлении вволю

Обработанную разными методами пшеничную солому проверяли в опытах по переваримости на овцах и в двух длительных опытах (252 и 168 дней) на откормочных бычках. В первом опыте животным ($n = 7$) скармливали вволю необработанную солому (К), консервированную мочевиной (4 %) влажную (47 % сух. в-ва; 1) дефибриллированную с 4 % NaOH (2) и гранулированную с 2 % NaOH солому (3). Во втором опыте по 9 бычков из каждой группы получали необработанную (К) и консервированную мочевиной 2,5 % (I) и 5 % (2) влажную (56 % сух. в-ва) солому. Различная обработка соломы в первом опыте повышала переваримость органического вещества от 46 % (К) до 49,4 % (1), 56,9 % (2) и 66,2 % (3), а во втором-от 48,1 % (К) до 56,3 % (I) и 58,5 % (2). Потребление обработанной соломы откормочными бычками в первом опыте достоверно увеличивалась от 3,7 до 5,1, 4,8 или 5,5 и во втором-от 3,6 до 5,5 и 5,5 кг сухого вещества на голову в сутки, а среднесуточный прирост живой массы повышался от 408 г до 671 г, 623 г или 707 г и от 520 до 710 г и 765 г соответственно. Затрата концентратов при этом снижалась. Скармливание обработанной соломы влияло на результаты убоя и содержание протеина и энергии в тушах. Повышение содержания жира и суточного отложения протеина и энергии отмечалось у животных, поедавших соломенные гранулы с добавкой 2 % NaOH.

Summary

W. I. Ochrimenko, G. Flachowsky, G. Richter and A. Hennig

Studies on the use of differently treated wheat straw in the feeding of fattening cattle under special consideration of wet straw preserved with urea. 2. Fattening results and slaughtering yield after ad libitum feeding

Differently treated wheat straw was tested in digestibility experiments with wethers and in two long-term experiments (E 1: 252; E2: 168 days of experiment) with fattening bulls. In E 1 seven bulls each received in addition to 2 kg concentrate/animal and day untreated chopped straw (control group C), wet straw preserved with 4 % urea (47 % DM; group 1, defibrillated straw with 4 % NaOH (2) and pelleted straw with 2 % NaOH (3) ad libitum. In E 2 nine fattening bulls each received chopped straw (C) and wet straw preserved with 2.5 % (1) or 5 % urea (56 % DM; 2). In E 1 the digestibility of the organic matter increased from 46.0 (C) to 49.4 (1), 56.9 (2) and 66.2 % (3) resp.; for E 2 48.1 (C), 56.3 (1) and 58.5 % (2) were ascertained.

The urea supplemented in the preservation of the wet straw and the mechanical and chemical treatment resulted in a significantly increased straw intake (E 1: 3.7, 5.1, 4.8 and 5.5 resp.; E 2: 3.6 5.5 and 5.5 kg DM/animal and day resp.), energy intake from straw and live weight gain (E 1: 408, 671, 623 and 707 resp.; E 2: 520, 710 and 765 g/animal and day for groups C and 1 to 3 as well as 1 and 2); concentrate expenditure decreased.

The straw treatment influenced the slaughtering yield, the carcass composition and energy and protein retention. Particularly after the use of NaOH-straw pellets the fat content and daily protein and energy retention increased.

Literaturverzeichnis

[1] ARSUMANJAN, E., A. FIZEV und W. FJODOROV: Shivotnovodstvo Nr. 5, 39 (1980)

[2] BABITSCH, A. O., S. OLISCHINSKI und W. K. JURTSCHENKO: Twarynnyztwo Ukrajiny Nr. 3, 31 (1981)

[3] BIRNKAMMER, H.: Bwr. Landw. 58, 627 (1980)

[4] BLOCK, H.-J.: Vortrag Jahrestagung „Grobfutter". 7. und 8. Juni, Neubrandenburg (1983)

[5] FLACHOWSKY, G.: Untersuchungen zum Einfluß unterschiedlicher Fütterungsintensität bei Verabreichung von Pellets mit Getreidestroh bzw. Feststoffen der Schweinegülle an Mastbullen auf Mast- und Schlachtergebnisse, Energie- und Proteinansatz und -verwertung. Diss. (Promotion B), Karl-Marx-Univ. Leipzig (1978)

[6] FLACHOWSKY, G., H.-J. LÖHNERT und A. HENNIG: Tierzucht 35, 114 (1981)

[7] FLACHOWSKY, G., H.-J. LÖHNERT, T. LINDIG, G. GÜTHER und A. HENNIG: Tierernährung und Fütterung 14, 275 (1984/85)

[8] GRIZEI, B. W. und K. SOLNZEV: Shivotnovodstvo Nr. 2, 42 (1980)

[9] HENNIG, A., H.-W. JAHN, G. FLACHOWSKY, D. WOLFRAM und K.-H. BODENSTEIN: Tierzucht 33, 474 (1979)

[10] KOPYL, A. M.: Pidhotowka, zberihannja ta wykorystannja kormiw. „Uroshaj", Kiew (1973)

[11] KÜNTZEL, U.: top agrar Nr. 6, 28 (1982)

[12] OCHRIMENKO, W. I.: Untersuchungen zum Einfluß von unterschiedlich behandeltem Weizenstroh auf Leistung und Stoffwechsel von Mastbullen unter besonderer Berücksichtigung von mit Harnstoff konserviertem Feuchtstroh. Diss. (Promotion A), Karl-Marx-Univ. Leipzig (1984)

[13] OCHRIMENKO, W. I., G. FLACHOWSKY, H.-J. LÖHNERT und A. HENNIG: Arch. Tierernähr. 36, 895 (1986)

[14] OTTO, E., H.-J. PAPSTEIN und E. BERGNER: Arch. Tierernähr. 30, 853 (1980)

[15] o. V. Erste Ergebnisse von Verdauungs- und Aufnahmeversuchen nach Einsatz von NH_3-behandeltem Weizenstroh. Unveröff. Arbeit des Wissenschaftsbereiches Tierernährungs chemie Jena (1983)

[16] o. V.: Einsatz von Aufschlußstroh in der Milchviehfütterung. Versuchsbericht Lehr- und Versuchsanstalt für Tierhaltung Haus Riswick (1980)

[17] PAPSTEIN, H.-J., F. GROSSE und M. GABEL: Ableitung von Energiebedarfswerten und optimalen Schlachtzeitpunkten für SMR-Mastbullen in Abhängigkeit vom Wachstumsverlauf und Schlachtwert. Forschungs- und Entwicklungsbericht. Forschungszentrum für Tierproduktion Dummerstorf-Rostock (1981)

[18] POTTHAST, V., Y. COENEN und N. HEITING: Landw. Z. 35, 21 (1980)

[19] RICHTER, G.: Untersuchungen zum Einfluß eines Polyäther-Antibiotikums auf Verdaulichkeit, Pansenfermentation, Mast- und Schlachtleistung sowie Protein- und Fettansatz von Bullen. Diss. (Promotion A), Karl-Marx-Univ. Leipzig (1981)
[20] RICHTER, W. I. F., A. BARANOWSKY und G. KOCH: Das wirtschaftseigene Futter **26**, 156 (1980)
[21] SCHIEMANN, R.: Arch. Tierernähr. **31**, 1 (1981)
[22] SCHMIDT, L. und F. WEISSBACH: Tierzucht **36**, 270 (1982)
[23] TARVIDAS, V. und D. BENDIKAS: Shivotnovodstvo Nr. **3**, 51 (1981)
[24] WOLF, INGRID: Untersuchungen zur Verbesserung des Futterwertes von rohfaserreichem Grobfutter mit niedrigem Energiegehalt. Diss. (Prom. A), Karl-Marx-Univ. Leipzig (1979)
[25] WOLFRAM, D.: Untersuchungen zum optimalen Einsatz der Schweinegülle in der Mastrinderfütterung und Hinweise zur Rationsgestaltung. Diss. (Prom. A), Karl-Marx-Univ. Leipzig (1980)

Eingegangen: 23. September 1984

Anschrift der Autoren:

Dr. W. I. OCHRIMENKO, Dr. sc. G. FLACHOWSKY, Dr. G. RICHTER und
Prof. Dr. sc. A. HENNIG
Sektion Tierproduktion und Veterinärmedizin der Karl-Marx-Universität Leipzig,
Wissenschaftsbereich Tierernährungschemie,
Dornburger Str. 24
Jena
6900
DDR

Arch. Anim. Nutr., Berlin 37 (1987) 3, 261–266

Lehrstuhl für Botanik der Universität für Veterinärmedizin Budapest
(Leiter: Prof. Dr. E. HARASZTI)

J. VETTER und E. HARASZTI

Gehalt an Trypsininhibitoren in den Körnern von Getreidearten und Hülsenfrüchten

1. Einleitung

Die Untersuchung der in den Futterpflanzen enthaltenen Stoffe von sogenannter „*antinutritiver*" Wirkung ist heutzutage im allgemeinen auf die in geringerer Konzentration anwesenden und nur langsam, auf additive oder kumulative Art wirkenden Bestandteile gerichtet. Nach der vor längerer Zeit erfolgten Erkennung des Trypsininhibitors der Sojabohne hat es sich herausgestellt, daß trypsinhemmende Stoffe nicht nur in den Körnern der Schmetterlingsblütler (z. B. in der Luzerne, CHIEN und MITCHELL, 1970), sondern auch in den Körnern anderer Arten, wie z. B. der Arten der Grasgewächse, enthalten sind. Mit Rücksicht auf die bekannten ökologischen Ansprüche des Sojabohnenanbaus muß auf dem Gebiet der Befriedigung des Eiweißbedarfes der Nutztiere eine bedeutende Rolle den Körnern von anderen, eiweißreichen Arten und Sorten, wie z. B. der Erbse *(Pisum sativum, P. arvense)*, der Lupine *(Lupinus)* und der Ackerbohne *(Vicia faba)* zugemessen werden.

Über den Trypsininhibitor-Gehalt der Körner von Kraftfuttermitteln wird verschiedentlich berichtet (MÁTRAI, 1978; SZABÓ, 1982; PEREZ u. a., 1979), diese wurden aber bis jetzt nicht in serienweise durchgeführten vergleichenden Untersuchungen geprüft. Dies gilt noch mehr für den Trypsininhibitor-Gehalt des Getreides.

Das Ziel unserer Untersuchungen war die Feststellung des Gehaltes an Trypsininhibitor der Körner von Erbsen-, Lupinen- und Ackerbohnensorten, außerdem von Weizen-, Gerste-, Roggen-, Hafer-, Mohrenhirsen-, Reis- und Maissorten. Im Falle der Kraftfutterkörner der Hülsenfrüchte suchten wir auch eine Antwort auf die Frage, in welchem Teil der Körner sich der hemmende Stoff lokalisiert (im Keim, in den Keimblättern bzw. in der Schale).

2. Material und Methode

Die in den Untersuchungsserien verwendeten Arten bzw. Sorten werden zur Zeit in Ungarn größtenteils angebaut oder untersucht. Ein bedeutender Teil der Getreidekörner wurde uns seitens des Landwirtschaftlichen Forschungsinstituts der Ungarischen Akademie der Wissenschaften zu Martonvásár, des Forschungsinstituts für Getreidebau zu Szeged und des Instituts für Pflanzenbau und Qualifizierung zur Verfügung gestellt, wofür wir uns hier bedanken. Im lufttrockenen Mahlgut der Untersuchungsstoffe wurde mit Hilfe der Methode nach HARASZTI u. a. (1985) der Trysininhibitor-Gehalt festgestellt. Extraktionsmittel waren hierbei: 0,01 N NaOH (3 h) unter Verwendung des synthetischen Substrates Benzoil-DL-Arginin-Paranitroanilid. Das Ausmaß der erzielten Trypsinhemmung wurde von uns in Trypsininhibitor-Einheiten (TIU/mg) angegeben.

3. Ergebnisse und Diskussion

Die Werte des Trypsininhibitor-Gehaltes des Mahlgutes der Körner von Schmetterlingsblütlern bzw. der einzelnen Körnerteile sind in Tab. 1 zusammengefaßt. Die trypsinhemmende Wirkung des Mahlgutes der Erbse *(Pisum sativum)* bewegt sich zwischen 26 und 33 TIU/mg, d. h. zwischen den einzelnen Sorten besteht ein relativ ge-

Tabelle 1 (Table 1)

Der Trypsininhibitor-Gehalt im Mahlgut der Körner sowie in einigen seiner Teile bei den Erbsen- und Ackerbohnensorten sowie bei zwei Lupinenarten

(Trypsin inhibitor content of varieties of peas, horse beans and lupines in the ground seeds as well as in different parts of seeds)

Untersuchte Sorten (Investigated varieties)	Mahlgut (Grinding/ material)	Keim (Germ) TUI/mg	Schale (Hull)	Keimblatt (Cotyledon)
Pisum sativum				
Allround	28,4	1,25	9,75	34,5
Paloma	26,2	4,45	12,3	29,1
Dukát	28,1	5,9	9,8	37,6
Aurália	27,0	4,0	9,25	35,3
I. P. 8.	30,4	5,8	26,8	34,1
Finálé	33,4	11,7	14,2	38,8
Iregi sárga	29,6	12,6	21,9	32,1
Smaragd	32,5	11,0	28,5	38,6
I. P. 3.	28,3	9,5	23,6	35,5
Vicia faba				
K-22	21,8	0	15,4	12,0
Lippói	18,3	0	16,0	15,0
K-25	16,7	0	14,9	12,2
Lupinus luteus				
Borluta	0	0	0	0
Lupinus albus				
Nyirségi édes	0	0	0	0

ringer Unterschied. Dies ist auch deshalb interessant, weil zwischen den morphologischen bzw. Anbaueigenschaften der selektierten Sorten bedeutende Unterschiede bestehen. Unsere Daten dagegen zeigen eher charakteristische Unterschiede bezüglich der Art und nicht der Sorte. Die Sorten der Ackerbohne *(Vicia faba)* verfügen über einen Trypsininhibitor-Gehalt von nur 16,7 bis 21,8 TIU/mg. Diese Eigenschaft ist um so vorteilhafter, da – wie unsere an anderer Stelle mitgeteilten Daten (HARASZTI u. a. 1985) darauf hinweisen – ihr Roheiweißgehalt günstiger ist als der der Erbsensorten. Im Falle der beiden untersuchten Sorten der Lupine *(Lupinus)* konnte eine

Tabelle 2 (Table 2)

Der Trypsininhibitor-Gehalt verschiedener Getreidekörner

(Trypsin inhibitor content of different cereal grains used as concentrates)

	TUI/mg
Triticum aestivum	
Tisza	0,38
Fertődi	0,32
Mv-1	0,65
Mv-2	0,64
Mv-3	0,59
Mv-4	0,65
Kavkaz	0,23
Avrora	0,61
Bezosztaja	0,72
SE-GK-Kincső	0,80
Zagrecsanka	0,73
Minimanó	0,82
Jubilejnaja 50	1,16
GK-Futterweizen (GK-wheat for feeding)	0,22
GK-Minaret durum	0,35
GK-Pannodur	0,37
durchschnittlich: (On average)	0,57
Hordeum vulgare	
Kompolti 4	0,97
GK-61	1,98
GK-59	2,07
Mv-34	1,45
GK-64	1,37
C-15	1,08
durchschnittlich: (On average)	1,48
Hordeum distichon	
Triumph	1,74
Spartan	1,91
Favorit	1,92
durchschnittlich: (On average)	1,85
Secale cereale	
Lovászpatonai 1984	1,86
"	2,30
	2,0

	TUI/mg
Triticale	
D-22	1,61
No-64	1,00
Triticale	1,86
durchschnittlich: (On average)	1,49
Avena sativa	
Szegedi korai	2,68
ZC-1	2,17
Speisehafer (Oat for food)	1,82
GK-5-FJ	1,09
GK-K	2,17
durchschnittlich: (On average)	1,98
Sorghum vulgare	
Hybar Mv-242	1,67
Hybar C × B 1173	2,31
Mohrenhirse SC-40 (Sorghum SC-40)	2,47
Sorghum bic. var. technicum	2,08
Hybar CXB 1073	1,63
Silomohrenhirse (Sorghum for silage)	2,06
Silomohrenhirse Szarvasi 350 (Sorghum for silage Szarvasi 350)	0,77
durchschnittlich: (On average)	1,96
Panicum miliaceum	
Vörös	0,73
Oryza sativa	
Sz-70	1,35

Trypsinhemmung überhaupt nicht bewiesen werden. Vom Gesichtspunkte der Beurteilung des Futterwertes der Lupinenarten bzw. -sorten stellt diese Tatsache zweifellos einen bedeutenden Vorteil dar. Die weiteren Spalten der Tab. 1 enthalten die Untersuchungsdaten der fraktionierten Körnerbestandteile. Im Falle der Erbsensorten konnte eindeutig festgestellt werden, daß die überwiegende Mehrheit der Inhibitorstoffe im Keimblatt enthalten ist. In der Schale der Ackerbohnensorten wurden etwas mehr Hemmstoffe gemessen als in der Schale der Erbse.

Der Trypsininhibitor-Gehalt der Getreidekörner ist in den Tab. 2 und 3 veranschaulicht. Die Streuung der Daten der untersuchten 16 *Weizensorten (Triticum aestivum)* ist geringer; der festgestellte Durchschnittswert beträgt 0,57 TIU/mg und ist der kleinste von allen von uns untersuchten Arten. Die beiden *Roggen*-Proben sind durchschnittlich durch eine Inhibitoraktivität von 2,08 TIU/mg gekennzeichnet. Interessant ist das Problem der zur Verfügung stehenden *Triticale*-Proben. Diese Hybriden nehmen einen Platz zwischen den beiden Elternarten ein; sie stellen ungefähr den arithmetischen Mittelwert dieser Arten dar (1,5 TIU/mg). Die Daten der *Wintergersten-* und *Sommergerstensorten* weisen auf eine ziemlich bedeutende Streuung binnen dieser Pflanzenart hin; zwischen den Mittelwerten der Wintergersten- und Sommergerstensorten besteht aber kein signifikanter Unterschied. Der Durchschnittswert der Inhibitoraktivität der untersuchten *Hafersorten (Avena sativa)* beträgt ungefähr 2 TIU/mg. Der durchschnittliche Inhibitorgehalt der Sorten der Mohrenhirse *(Sorghum vulgare)* beträgt 1,96; in einem Fall *(Szarvasi 350)* betrug er nur 0,77.

Tabelle 3 (Table 3)
Der Trypsininhibitor-Gehalt der verschiedenen Maissorten

(Trypsin inhibitor content of different varieties of corn)

	TIU/mg
Funk G-4450-MSC	1,96
Jx 97-SC	2,23
PAU-398-MSC	2,26
Mv-MSC-1285	2,14
Mv-MSC-1264	2,36
Pi-3709-MSC	1,13
Pi-3839-SC	1,36
Pi-3906-SC	1,54
Pi-3965-MTC	1,65
Pi-3780-MSC	1,04
Pi-3732-SC	1,59
Pi-3901-SC	1,44
Szegedi DC-488	1,09
Szegedi DC-538	1,26
Zuckermais (Sweet corn)	2,04
Puffmais (Pop corn)	1,99

Nach unseren für den *Mais* zur Verfügung stehenden Daten (Tab. 3) beträgt der Durchschnittswert der 7 Sorten *Pioneer* 1,39 ($s = 0{,}23$); der Durchschnittswert der anderen Sorten übertrifft 2,0 TIU/mg. Der Unterschied zwischen den einzelnen Sorten ist sehr gering. Die niedrigen Werte der Sorten *Szegedi DC-488* und *Szegedi DC-538* (1,09 und 1,26 TIU/mg) unterscheiden sich von den Werten des Trypsininhibitor-Gehaltes der sonstigen Sorten. Aufgrund der Daten der Maissorten konnte festgestellt werden, daß im Falle von Sorten bzw. Sortengruppen ähnlichen Ursprunges die Werte des Trypsininhibitor-Gehaltes wesentlich näher zueinander stehen als zu den Werten anderer Sorten.

Zusammenfassung

Es wurden Gehaltswerte an Trypsininhibitoren von Körnern der Schmetterlingsblütler sowie der Getreidearten gemessen.

Bei den angebauten Erbsensorten *(Pisum sativum)* ist der Trypsininhibitor-Gehalt relativ bedeutend (25–35 TIU/mg). Die Hemmstoffe befinden sich im Keimblatt der Körner. Bei der Ackerbohne *(Vicia faba)* ist die Menge an Trypsininhibitoren geringer.

Im Falle der untersuchten Proben der Lupine ist es nicht gelungen, Trypsininhibitoren nachzuweisen.

In den Körnern sämtlicher Getreidearten ist eine nachweisbare Menge von Trypsininhibitoren enthalten. Zwischen den einzelnen Sorten ein und derselben Art bestehen größere bzw. kleinere Unterschiede. Der für die gegebene Art charakteristische Durchschnittswert kann aber als kennzeichnend betrachtet werden. Der kleinste durchschnittliche Inhibitorgehalt wurde beim Weizen (0,57 TIU/mg) festgestellt, der größte diesbezügliche Wert bei den Roggen-, Hafer- und Mohrenhirsensorten (ungefähr 2 TIU/mg). Zwischen den einander genetisch näher stehenden Sorten waren die festgestellten Unterschiede geringer.

Резюме

И. Веттер и Е. Харасти

Содержание трипсиновых ингибиторов в зернах злаковых и бобовых

Определились содержания ингибиторов трипсина из зернов бобовых и злаковых. При посевных видах гороха *(Pisum sativum)* определилось относительно много ингибитора трипсина (25–35 TIU/мг). Тормозящие вещества накапливаются в зародышевом листке зернов. В конских бобах *(Vicia faba)* меньше колличества ингибитора трипсина. В случае исследуемых проб люпина *(Lupinus)* нельзя получить доказательство для существования ингибитора трипсина.

В зернах всех видов злаковых определились следы ингибитора трипсина. Более и менее различия обнаружили между отдельными сортами одного и того вида. Всё-таки является среднее данное характерным для исследуемого вида. Наинизкое среднее содержание ингибитора было у пшеницы (0,57 TIU/мг), наивысшее данное у видов ржа, овса и сортов обыкновенного сорга (приблизительно 2 TIU/мг).

Между генетически похожих видов были меньше различия.

Summary

J. Vetter and E. Haraszti

The amount of trypsin inhibitors contained in the grains of cereals and pod-bearing plants

The amounts of trypsin inhibitors in the grains of papilionaceous plants and of cereals were measured.

The amount of trypsin inhibitors in the cultivated pea variety *(Pisum sativum)* is relatively significant (25–35 TIU/mg). The inhibitors are in the cotyledon of the grains. The amount of trypsin inhibitors in horse beans (*Vicia faba*) is lower. We have not been able to detect trypsin inhibitors in the samples of lupine.

The grains of all cereals contain a detectable amount of trypsin inhibitors. There are smaller or bigger differences between the individual varieties of one and the same species. The average value of the given species can, however, be considered typical. The lowest average inhibitor content was ascertained in wheat (0.57 TIU/mg), the highest such amount in varieties of rye, oat and millet (approximately 2 TIU/mg). The differences between genetically more closely linked varieties were smaller.

Literaturverzeichnis

[1] CHIEN, T. F. und H. L. MITCHELL: Phytochemistry **9**, 717 (1970)
[2] HARASZTI, E., J. VETTER und L. LŐKÖS: Magyar Állatorvosok Lapja **40**, 5 (1985)
[3] MÁTRAI, T.: Állattenyésztés **26**, 9 (1977)
[4] PEREZ, J. M., M. LEUILLET und D. BOURDON: Perspectives Agricoles No 6 (1979)
[5] RICHARDSON, M.: Phytochemistry **16**, 159 (1977)
[6] SZABÓ, M.: Állattenyésztés és Takarmányozás **31** (3), 273 (1982)

Eingegangen: 27. März 1986

Anschrift der Autoren:

Prof. Dr. E. HARASZTI und Dr. J. VETTER
Lehrstuhl der Botanik der Universität für Veterinärmedizin
Budapest, 1400 Pf 2
VR Ungarn

Arch. Anim. Nutr., Berlin 37 (1987) 3, 267–280

Karl-Marx-Universität Leipzig, Sektion Tierproduktion und Veterinärmedizin,
Wissenschaftsbereich Tierernährungschemie
(Leiter: Prof. Dr. sc. A. HENNIG), DDR
und Institut für Tierernährung Herceghalom
(Leiter: Prof. Dr. J. Izesserü, VR Ungarn)

M. ANKE, B. GROPPEL, S. SZENTMIHÁLYI †, M. GRÜN und HELLA KRONEMANN

Der Kupfergehalt der Flora in Abhängigkeit vom Alter, von der geologischen Herkunft des Standortes und der Pflanzenart

1. Einleitung

Das Cu-Angebot der landwirtschaftlichen Nutztiere und des Wildes wird durch verschiedene Faktoren variiert, von denen das Pflanzenalter [47, 48, 4, 6, 54, 62], die geologische Herkunft des Standortes [8, 9, 11, 23, 19, 16, 15, 45, 64] und die Pflanzenart [5, 6, 7, 13, 18, 55, 75, 34, 33] besonders bedeutungsvoll sind.

In der Regel nimmt mit zunehmendem Alter der Mengen- und Spurenelementgehalt der Pflanzen ab. Diese Grundgesetzmäßigkeit ist bei den einzelnen Elementen unterschiedlich stark ausgeprägt und bedurfte der gezielten Analyse bei verschiedenen Arten.

Der Einfluß der geologischen Herkunft des Standortes auf den Gehalt lebensnotwendiger, nicht im Pflanzendünger vorkommender Elemente ist für die bedarfsdeckende Spurenelementversorgung der Haus- und Wildwiederkäuer von besonderer Bedeutung. Die verschiedenen Geflügelarten und das Schwein erhalten über ihre spezifischen, konzentratreichen Rationen regelmäßig bedarfsdeckende Cu-Mengen (7). Die Identifizierung der Cu-Mangelstandorte des Wiederkäuers durch Indikatorpflanzen (10) ist in diesem Zusammenhang von erheblichem Interesse.

Neben den bisher bewährten Anzeigerpflanzen Wiesen- bzw. Ackerrotklee (9, 10, 11, 17) und der Luzerne (23) mußten andere, auf dem Ackerland weltweit verbreitete Kulturpflanzen als Indikatorpflanzen auf möglichst vielen Standorten getestet werden. Dazu boten sich Weizen und Roggen an.

Der artspezifische Cu-Gehalt der Indikatorpflanzenarten Wiesen- bzw. Ackerrotklee, Luzerne, Weizen und Roggen zu den festgelegten Schnittterminen bedarf besonderer Aufmerksamkeit, da er zum Vergleich des Cu-Angebotes einzelner, geologisch unterschiedlich entstandener Lebensräume wichtig ist.

Neben den genannten Einflußgrößen wird der Cu-Gehalt der Flora durch menschliche Einwirkungen, wie z. B. Cu-Emissionen über die Luft und das Wasser (73, 24), die Düngung mit verschiedenen Elementen und daraus resultierende pH-Wert-Änderungen des Bodens (72, 84, 58, 56), die Vegetationszeit (Frühjahr, Sommer, Herbst) (20, 62, 38), den Pflanzenteil (37, 86) bzw. die technische Behandlung des Pflanzenmaterials (Zerkleinerung, Silierung etc) und die daraus resultierende Kontamination mit dem Abrieb der Mühlen bzw. Erde (3, 63, 90) beeinflußt. Bronzesiebe verschiedener Mühlen führen zu einer starken Erhöhung des Cu-Gehaltes der Proben. Erdkontamination steigert den Cu-Gehalt nur wenig (90).

Aufgabe der langjährigen Untersuchungen war es, den Einfluß des Vegetationsstadiums und der geologischen Herkunft des Standortes auf den Cu-Gehalt der Flora zu untersuchen. Dabei sollte gleichzeitig die Eignung von Wiesen- bzw. Ackerrotklee, Roggen und Weizen als Indikatorpflanzen der Cu-Versorgung verschiedener Lebensräume getestet werden.

2. Material und Methoden

Für die Analyse des Alters-, Standort- und Arteinflusses auf den Cu-Gehalt der Indikatorpflanzen standen insgesamt 6633 Proben zur Verfügung.

Die Bestimmung des Alterseinflusses auf den Cu-Gehalt erfolgte bei jeweils vier Proben und Arten, die vom 30. April bis 11. Juni 1980 in 14tägigen Abständen auf oberem Muschelkalkverwitterungsboden geerntet wurden.

Der Einfluß des Standortes auf den Cu-Gehalt der Indikatorpflanzen Luzerne (*Medicago sativa* L.), Wiesenrotklee (*Trifolium pratense spontaneum*), Ackerrotklee (*Trifolium pratense sativum*), Roggen (*Secale cereale* L.) und Weizen (*Triticum sativum* L.) wurden in Proben, welche in der DDR, VR Ungarn und der ČSSR wuchsen, systematisch untersucht.

Der Sammelzeitpunkt ist anhand phänologischer Daten festgelegt worden (91), so daß sich das Pflanzenmaterial aller Länder in einem einheitlichen Entwicklungsstadium befand. Wiesenrotklee und Roggen blühten zur Probennahme, Luzerne und Ackerrotklee befanden sich im Stadium der Knospe und der Weizen im Schossen.

Die geologische Herkunft des Standortes wurde anhand von Lesesteinen bzw. Bodenproben und mit Hilfe geologischer Karten (DDR: Geologische Meßtischblätter 1:25000, VR Ungarn: (25)) bestimmt. Die Probenzahl je Standort richtete sich nach ihrer landwirtschaftlichen Bedeutung.

Die Analyse der Indikatorpflanzen erfolgte nach trockener Veraschung bei 450 °C. Die Asche wurde in 2 %iger HCl aufgenommen und Cu durch Atomabsorptionsspektrophotometrie bestimmt (JARRELL ASH 850). Der Fehler des Verfahrens beträgt <5 %.

Alle Cu-Konzentrationen sind auf die Trockensubstanz bezogen. Die statistische Verrechnung der Analysenergebnisse folgte den Richtlinien von WEBER (1972).

3. Ergebnisse

3.1. Der Einfluß des Alters auf den Kupfergehalt der Pflanzenarten

Bei den von Ende April bis Mitte Juni in 14tägigen Abständen untersuchten vier Pflanzenarten nahm der Cu-Gehalt im Lauf der 42 Untersuchungstage signifikant ab (Tab. 1). Der Ackerrotklee verminderte während des Prüfzeitraumes seinen Cu-Bestand um 38 %, der Weizen um 40 %, der Wiesenschwingel um 43 % und der Roggen sogar um 66 %.

Die Cu-Aufnahme eilt demnach der Stoffbildung voraus. Während des Wachstums kommt es offenbar zu einer Umverteilung und Verdünnung des Cu-Bestandes. Alternde Blätter verlieren neben N auch Cu, welches zu den jüngeren Blättern gelangt. Auch Blüten und Samen erhalten das Cu der Stengel und Blätter [41, 42, 43, 57]. Cu-Mangel senkt die Kornzahl beim Weizen, ohne daß sich die Korngröße verändert

Tabelle 1 (Table 1)

Der Kupfergehalt verschiedener Indikatorpflanzenarten in Abhängigkeit vom Vegetationsstadium in mg/kg Trockensubstanz

(Copper content of different indicator plants in dependence on the stage of vegetation in mg/kg dry matter)

Pflanzenart (Plant species)		30. 4.	12. 5.	26. 5.	11. 6.	p	KGD*
Ackerrotklee	$\bar{x}$	13	12	10	8,1	<0,01	2,9
(Field red clover)	s	0,5	0,6	2,3	1,4		
Weizen	$\bar{x}$	9,0	8,0	8,6	5,4	<0,001	1,6
(Wheat)	s	0,6	0,6	1,2	0,4		
Wiesenschwingel	$\bar{x}$	11	9,1	8,3	6,3	<0,001	2,5
(Meadow fescue)	s	1,2	0,6	1,2	1,5		
Roggen	$\bar{x}$	8,7	6,0	5,2	3,0	<0,001	2,0
(Rye)	s	0,4	0,9	1,2	1,2		

* kleinste Grenzdifferenz (Smallest limit difference)

[41]. Ursache der Cu-mangelbedingt verminderten Kornzahl ist die unter diesen Bedingungen beim Weizen beobachtete Pollensterilität [36], so daß der Cu-Bestand des Samens aus der Anzahl gebildeter Samen und dem zum Samen transportierten Cu resultiert [41]. Das ist die Ursache für die schlechte Korrelation zwischen dem Weizenertrag und der Cu-Konzentration des Weizenkorns [41]. In ähnlicher Weise reagierte auch der Cu-Gehalt des Korns verschiedener Getreidearten und der Kartoffelknollen auf Standorten verschiedener geologischer Herkunft nur insignifikant auf das unterschiedliche Cu-Angebot. Blätter und Stengel wiesen signifikant Unterschiede auf [7].

Der mit zunehmendem Vegetationsstadium abnehmende Cu-Gehalt von Leguminosen- und Grasarten deckt sich im Prinzip mit den Ergebnissen vorangegangener Untersuchungen [4, 6, 66, 49, 51, 50, 60, 54, 59, 85, 62].

Die einigen Arten (Luzerne, Gemeiner Löwenzahn) wechselt die Cu-Konzentration zu Blühbeginn. Während der Blüte stieg der Cu-Anteil der Gesamtpflanze bei den genannten Arten insignifikant [6, 85].

Der Cu-Gehalt der Pflanze wird mit zunehmender Vegetation vom Blatt-Stengel-Verhältnis entscheidend beeinflußt. Blätter enthalten signifikant mehr Cu als Stengel oder Blattstiele [4, 66, 37], wobei zusätzlich Unterschiede zwischen jungen und alten Blättern existieren [57].

Daraus resultiert, daß der blühende Roggen seinen Cu-Bestand am stärksten verminderte (66 %), während ihn der blattreiche Wiesenschwingel, der Weizen im Schossen und der Ackerrotklee in der Knospe nur um 38 bis 43 % senkten.

Bei der Testung der Cu-Versorgung verschiedener Lebensräume und Indikatorpflanzen (Roggen, Weizen, Rotklee, Luzerne) ist auf das Vegetationsstadium zu achten. Als solches bieten sich nach den gesammelten Erfahrungen das Stadium der Blüte beim Wiesenrotklee und Roggen, das der Knospe bei dem Ackerrotklee und der Luzerne bzw. das des Schossens beim Weizen an. Die genannten Arten erreichen diese Vegetationsstadien zur gleichen Zeit und können deshalb gemeinsam gesammelt werden.

Andererseits ist das Vegetationsstadium der Futterpflanzen auch für die Cu-Versorgung der Wiederkäuer bedeutungsvoll. Mitte Juni geschnittene Gräser des 1. Schnittes können beträchtlich <8,0 mg Cu/kg enthalten. Bei Leguminosen ist diese Gefahr nicht oder nicht in diesem Umfang gegeben.

3.2. Der Einfluß des Standortes auf den Kupfergehalt der Indikatorpflanzenarten

Vor der Verwendung der vorgeschlagenen Indikatorpflanzenarten war es erforderlich ihr Anzeigevermögen zu überprüfen. Zu diesem Zweck wurden von 1976 bis 1980 Luzerne-, Ackerrotklee-, Roggen- und Weizenproben in der DDR, VR Ungarn und ČSSR gesammelt, wovon jeweils zwei auf 1 m^2 wuchsen. Alle den Cu-Gehalt beeinflussenden Faktoren, wie Bodenherkunft, pH-Wert, Wasserangebot etc. waren auf dieser Fläche gleich.

Die Cu-Konzentration im gleichen, engbegrenzten Lebensraum gewachsener Pflanzenarten korrelierte signifikant (Tab. 2).

Tabelle 2 (Table 2)
Korrelation des Kupfergehaltes zweier Pflanzenarten des gleichen Standortes (x = erste Pflanzenart, y = zweite Pflanzenart)
(Correlation of the copper content between two plant species from the same habitat (x = first plant species, y = second plant species)

Pflanzenart, n (Plant species, n)	p	y	r
Luzerne: Ackerrotklee [24] (Alfalfa: field red clover)	$<0{,}001$	$-0{,}52+1{,}170x$	0,98
Weizen: Ackerrotklee [18] (Wheat: field red clover)	$<0{,}001$	$4{,}45+1{,}175x$	0,86
Roggen: Ackerrotklee [28] (Rye: field red clover)	$<0{,}05$	$3{,}82+0{,}763x$	0,47
Roggen: Weizen [38] (Rye: wheat)	$<0{,}05$	$2{,}53+0{,}455x$	0,32

Die Abhängigkeit des Cu-Gehaltes der verglichenen Arten war unterschiedlich ($r = 0{,}98$ bis 0,32). Sie erreichte bei Luzerne und Ackerrotklee mit $r = 0{,}98$ einen außerordentlich hohen und zwischen Roggen und Weizen ($r = 0{,}32$) bedeutend kleineren Umfang. Unabhängig von dieser biologisch normalen Schwankungsbreite kann festgestellt werden, daß sich die vier getesteten Pflanzenarten auf Grund ihres gleichgerichteten Cu-Gehaltes als Indikatorpflanzen der Cu-Versorgung eignen. Dieser Befund steht im Einklang mit früheren Untersuchungsergebnissen bei Luzerne und Ackerrotklee [10].

3.3. Der Einfluß der geologischen Herkunft des Ausgangsmaterials für die Bodenbildung auf den Kupfergehalt der Indikatorpflanzenarten

Der Boden enthält im Mittel etwa 20 mg Cu/kg, wobei die Einzelwerte unbelasteter Standorte zwischen 2 und 100 mg/kg schwanken [31, 40]. Organische Böden können höhere Cu-Konzentrationen aufweisen. Das Cu kommt in der Regel aus den verwitterten Gesteinen bzw. der organischen Masse, die die einzelnen Böden bilden. Basische Gesteine sind in der Regel Cu-reich (140 mg/kg), saure wesentlich Cu-ärmer (Granit, Syenit, Porphyr, Gneis, Buntsandstein) [88]. Cu kann von der Pflanze als Cu^{+} und Cu^{++} aufgenommen werden [34]. Die Pflanzenverfügbarkeit des Cu im Boden wird durch verschiedene Faktoren variiert. Nur ein Teil des Gesamt-Cu ist pflanzenaufnehmbar. Besonders das vom Humus gebundene Cu ist schwer verfügbar. Neben dem Cu-Vorrat des Bodens und seinem Humusanteil beeinflußt auch der Boden-pH-Wert die Cu-Aufnahme, wenn auch in einem weitaus geringeren Umfang als bei anderen Spurenelementen.

Tabelle 3 (Table 3)

Korrelation des Kupfergehaltes zweier Pflanzenarten auf Standorten gleicher geologischer Herkunft (x = erste Pflanzenart, y = zweite Pflanzenart)
(Correlation of the copper content between two plant species from habitats of the same geological origin (x = first plan species, y = second plant species)

Pflanzenart, n (Plant species, n)	p	y	r
Wiesenrotklee: Ackerrotklee [17] (Meadow red clover: field red clover)	$<0,001$	$0,044+1,02x$	0,83
Wiesenrotklee: Weizen [15] (Meadow red clover: wheat)	$<0,001$	$-1,63+0,61x$	0,80
Wiesenrotklee: Roggen [14] (Meadow red clover: rye)	$<0,001$	$-0,13+0,47x$	0,79
Ackerrotklee: Roggen [21] (Field red clover: rye)	$<0,05$	$1,77+0,24x$	0,53
Ackerrotklee: Weizen [22] (Field red clover: wheat)	$<0,01$	$0,41+0,37x$	0,65
Roggen: Weizen [22] (Rye: Wheat)	$<0,01$	$1,03+0,74x$	0,64

Cu ist bei einem niedrigen Boden-pH-Wert besser pflanzenverfügbar als bei einem hohen, jedoch wird diese Beziehung durch den Tongehalt der Böden überlagert. Neutrale Böden sind meist ton- und damit Cu-reich, so daß sich der pH-Wert-Einfluß nicht auswirkt. Auf Grund des dominierenden Einflusses des Cu-Vorrates und des Humus- bzw. Kolloidgehaltes im Boden auf den artspezifischen Cu- Anteil der Pflanzen mußten auch zwischen den auf Standorten einer geologischen Herkunft gewachsenen Indikatorpflanzen im Mittel der Standort gerichtete und signifikante Abhängigkeiten bestehen.

Diese Hypothese bestätigte sich auf den gleichen geologisch definierten Standorten bei den einzelnen Indikatorpflanzen (Tab. 3). Für den Vergleich stand der mittlere Cu-Gehalt des Wiesenrotklees von 17 geologisch unterschiedlichen Standorten zur Verfügung, welcher mit den mittleren Cu-Anteilen des Weizens bzw. Roggens der DDR korrelierte. Gleichermaßen wurde der Cu-Gehalt des Ackerrotklees, Weizens und Roggens gegenübergestellt. Zu diesem Vergleich standen auch Ackerrotklee, Roggen und Weizen der VR Ungarn zur Verfügung, so daß sich die Zahl der Standorte auf 21 bzw. 22 erhöhte (Tab. 3), Die Abhängigkeit des Cu-Gehaltes der Pflanzenarten von der geologischen Herkunft des Standortes war bei allen rechnerisch möglichen Vergleichen signifikant. Sie erreichte zwischen Wiesen- und Ackerrotklee mit $r = 0,83$

den höchsten und zwischen Ackerrotklee und Roggen mit $r=0{,}53$ den niedrigsten Umfang. Demnach beeinflußt die geologische Herkunft des Standortes in Verbindung mit den anderen Einflußgrößen (Humus-, Kolloidgehalt, pH-Wert) den artspezifischen Cu-Gehalt der Pflanzen signifikant. Diese Aussage steht im Einklang mit vorangegangenen Untersuchungen, wo der Cu-Anteil von Wiesen- und Ackerrotklee in Abhängigkeit von der geologischen Herkunft des Standortes mit $r=0{,}81$ korrelierte und damit auch den gleichen Umfang wie bei den jetzt durchgeführten Untersuchungen erreichte [16, 44, 67].

3.4. Die standortspezifische Kupferversorgung in der VR Ungarn und in der DDR

Nach dem Beweis des Einflusses der geologischen Herkunft des Standortes auf den Cu-Gehalt der Flora mußte dieser quantifiziert werden. Da der Cu-Anteil der Pflanzen artspezifisch und damit nicht direkt vergleichbar ist, war es aus Gründen der Übersichtlichkeit notwendig, ihn zu relativieren und vergleichbar zu machen. Aus diesem Grund wurde bei jeder der vier Indikatorpflanzenarten der Standort mit dem höchsten mittleren Cu-Gehalt gleich 100 gesetzt und die anderen dazu relativiert. Im Idealfall, wenn ein Standort bei allen vier Pflanzenarten den höchsten mittleren Cu-Anteil gebracht hätte, wäre seine Relativzahl 100 gewesen. Das war weder bei den ungarischen noch bei den DDR-Standorten der Fall (Tab. 4 und 5). Immerhin kamen die Lößstandorte Ungarns mit 95 und die Verwitterungsböden des Rotliegenden der DDR mit 98 dieser Marke sehr nahe. Der Einfluß des Standortes auf den Cu-Gehalt der Indikatorpflanzenarten wurde länderweise ausgewertet, da in der DDR und in der VR Ungarn nur vier vergleichbare Bodenherkünfte (Löß, alluviale Auen, Moor bzw. Torf, Keuperverwitterungsböden) in nennenswertem Umfang vorkommen.

Tabelle 4 (Table 4)

Der Standortspezifische Kupfergehalt der Indikatorpflanzen in Prozent des kupferreichsten Standortes der VR Ungarn

(Habitat specific copper content of the indicator plants in per cent of the habitat with the highest copper content in Hungaria)

Geologische Herkunft des Standortes (Geological origin of the habitat)	Relativzahl (Relative number)
Verwitterungsböden des Trias (Weathering soils of trias)	95
Löß (Loess)	95
Alluvial Auen (Alluvial meadows)	93
Andesitverwitterungsböden (Weathering soils of andesite)	89
Szikes (Szik soils)	84
Kalkhaltige Sande (Calcic sands)	84
Saure Sande (Acid sands)	
Torf, Moor (Peat, moorland)	70

In der VR Ungarn liefern die Verwitterungsböden des Trias (Keuper, Muschelkalk) und der Löß die Cu-reichste Flora. Sie unterscheidet sich damit signifikant ($p < 0{,}001$) von der der Torf- und Moorstandorte mit dem niedrigsten Cu-Anteil. Zwischen den Indikatorpflanzen der anderen Standorte existieren keine biostatistisch gesicherten Unterschiede.

In der DDR speichert die Vegetation der Verwitterungsböden des Rotliegenden, der Schiefer, Gneise, Phyllite und Muschelkalke am meisten Cu. Am wenigsten Cu enthielten die Pflanzen der Moor- und Torfstandorte. Auch die Flora der diluvialen Sande und des Geschiebelehms war signifikant Cu-ärmer als die der genannten Cu-reichen Verwitterungsböden (Tab. 5).

Das mit Hilfe der Indikatorpflanzenmethode ermittelte Cu-Angebot der Wiederkäuer deckt sich gut mit den Befunden der Boden- und Pflanzenanalyse anderer Autoren. In der DDR kommen in den Südbezirken, wo die Cu-reichen Verwitterungsböden und der Löß dominieren, nur 1 bis 5 % niedrig mit Cu versorgte Böden vor, während in den nördlichen und mittleren Bezirken (Rostock, Schwerin, Neubrandenburg, Potsdam, Cottbus, Frankfurt), die fast ausschließlich von diluvialen Sanden, Geschiebelehm und Mooren gebildet werden, 22 bis 27 % schlecht mit Cu versorgt

Tabelle 5 (Table 5)

Der Einfluß des Standortes auf den Kupfergehalt der Indikatorpflanzen in Prozent des kupferreichsten Standortes der DDR

(Influence of the habitat on the copper content of indicator plants in per cent of the habitats with the highest copper content in the GDR)

Geologische Herkunft des Standortes (Geological origin of the habitat)	Relativzahl (Relative number)
Verwitterungsböden des Rotliegenden (Weathering soils of lower new red sandstone)	98
Schieferverwitterungsböden (Devon, Silur, Kulm) (Weathering soils of slate)	92
Gneisverwitterungsböden (Weathering soils of gneiss)	91
Phyllitverwitterungsböden (Weathering soils of phyllite)	91
Muschelkalkverwitterungsböden (Weathering soils of shell limestone)	91
Löß (Loess)	84
Syenitverwitterungsböden (Weathering soils of syenite)	84
Keuperverwitterungsböden (Weathering soils of keuper)	83
Granitverwitterungsböden (Weathering soils of granite)	80
Buntsandsteinverwitterungsböden (Weathering soils of new red sandstone)	78
Alluviale Auen (Alluvial meadows)	73
Geschiebelehm (Glacial loam)	69
Diluvialer Sand (Diluvial sands)	69
Moor, Torf (Moorland, peat)	51

sind [27, 28, 53]. Sie reagierten auf eine Cu-Düngung mit Mehrerträgen von 3 bis 4 dt Getreideeinheiten/ha.

Die in Tab. 5 mitgeteilte Reihenfolge des Cu-Angebotes deckt sich auch mit den Cu-Analysen der Luzerne und des Acker- und Wiesenrotklees der DDR [23, 19, 9, 11]. Die schlechte Cu-Versorgung der Flora auf den Moor- und Torfböden, die auch von KNABE (1966) in der DDR beschrieben wurde, resultiert aus der raschen Cu-Bindung an Huminsäuren und deren Unverfügbarkeit für die Pflanzen [68, 35].

Eine Ausnahme bilden lediglich die Verwitterungsböden des Buntsandsteins, die auch bei den Untersuchungen von BERGMANN u. a. (1962a, 1968) bis zu einem Anteil von 28 % schlecht mit Cu versorgt waren.

In Finnland erwiesen sich die Moor- bzw. Torf-, diluvialen Sand- und Geschiebelehmstandorte gleichfalls als arm an pflanzenverfügbarem Cu. Mit zunehmendem Kolloidgehalt nahm ihr extrahierbarer Cu-Anteil [64] und der Cu-Gehalt des Wiesenlieschgrases [45] zu. Auch in den USA werden Moor- und Torfböden und die ausgewaschenen sauren und die alkalischen Sandböden als Cu-mangelgefährdet beschrieben [39]. In der VR Ungarn war die Luzerne der Moor- und sauren Sandböden gleichfalls Cu-arm. Auf Löß-, alluvialen Auen- und Alkaliböden gewachsene Luzerne enthielt in Übereinstimmung mit jetzt vorliegenden Befunden viel mehr Cu [71]. Auch die Analyse von Sonnenblumen und Futtererbsen auf Torf- und sauren Sandböden Ungarns zeigte ein schlechtes Cu-Angebot im Vergleich zu solchen des Lösses und der Alluvialen Auen [70]. Diese Aussagen decken sich auch mit den Ergebnissen der Cu-Analyse von Mais auf Moor und Mineralböden [69].

3.5. Der artspezifische Kupfergehalt der Pflanzen

Die Artspezifität des Cu-Gehaltes der Pflanzenarten in Abhängigkeit vom Vegetationsstadium wurde bereits frühzeitig festgestellt und gesichert [89, 4, 6, 74, 75, 76, 77, 79, 78, 80, 81, 82, 46]. Die zitierten Autoren untersuchten den Cu-Anteil der Ge-

Tabelle 6 (Table 6)
Der Kupfergehalt verschiedener Indikatorpflanzenarten aus der DDR und der VR Ungarn in mg/kg
(Copper content of several indicator plants from the GDR and from Hungaria in mg/kg)

Art, *n* (Species, *n*)	DDR (GDR)		VR Ungarn (Hungaria)			
	$\bar{x}$	s	$\bar{x}$	s	p	%
Wiesenrotklee (1517; 21) (Meadow red clover)	9,0	3,0	9,5	1,8	>0,05	106
Luzerne (66; 92) (Alfalfa)	8,9	4,5	8,2	2,0	<0,05	90
Ackerrotklee (3322; 61) (Field red clover)	9,4	3,0	10	3,0	<0,05	106
Weizen (554; 201) (Wheat)	4,3	2,2	4,1	1,7	>0,05	95
Roggen (463; 80) (Rye)	4,0	1,4	4,2	1,3	>0,05	105

samtpflanze in vergleichbaren Vegetationsstadien. Auch der Cu-Anteil verschiedener Pflanzenteile, wie z. B. der Samen, kann artspezifisch sein [83, 2].

Der Cu-Gehalt des Wiesen- und Ackerrotklees unterschied sich trotz der geringen Differenz signifikant ($p < 0,001$). In beiden Ländern war der Wiesenrotklee im Mittel Cu-ärmer. Der Unterschied beruht auf dem unterschiedlichen Vegetationsstadium (Ackerrotklee Knospe, Wiesenrotklee Blüte) der zwei Rotkleevarietäten.

Bei vorangegangenen Untersuchungen enthielten der Wiesenrotklee 8,8 und der Ackerrotklee 9,4 mg Cu/kg Trockensubstanz [10]. Die minimalen Unterschiede im Cu-Gehalt von Luzerne und Rotklee in der Knospe sind nicht statistisch gesichert und decken sich mit den Ergebnissen vorangegangener Untersuchungen [90, 5, 6, 8, 10, 51, 1]. In der Regel enthielt die Luzerne weniger, in den meisten Arbeiten sogar signifikant niedrigere Cu-Konzentrationen als der Ackerrotklee. Die Kleesorte nahm keinen Einfluß auf den Cu-Gehalt [61].

Der Cu-Gehalt des Weizens im Schossen und des Roggens in der Blüte unterscheidet sich nicht (Tab. 6). Auch zwischen den zwei Arten aus der DDR und der VR Ungarn gibt es im Mittel keine gesicherten Differenzen. Vergleichswerte des gleichen Entwicklungsstadiums der zwei Arten fehlen in der Literatur. Die familienspezifischen Unterschiede zwischen Gräsern und Leguminosen werden beim Vergleich der vier verschiedenen Arten deutlich. In der Regel enthalten die Leguminosen unter vergleichbaren Bedingungen signifikant mehr Cu als Gräser, wenn auch die Unterschiede kleiner sein können als zwischen den vier untersuchten Arten [6].

4. Diskussion

Der Cu-Gehalt der Flora ist unter dem Aspekt des Cu-Bedarfs der Pflanzenarten und seiner Konsumenten, den Haustierarten und dem Wild, zu sehen.

Cu-Mangel bei Pflanzen der verschiedensten Arten wurde wiederholt auf allen Erdteilen beschrieben [26, 32, 65]. Der für die einzelnen Pflanzenarten erforderliche Cu-Gehalt ist unterschiedlich und variiert in Abhängigkeit vom Blattalter. Jüngere Blätter und die Spitzen der Pflanzen sind besonders Cu-mangelgefährdet. Sie zeigen das Cu-Defizit am besten an [57].

Der Cu-Minimalbedarf des Wiederkäuers beträgt 8 mg/kg Futtertrockensubstanz, der der monogastrischen Tiere 5 mg/kg (12). Diese zwei Bedarfswerte sind für die Bedarfsdeckung mit Cu unter Beachtung des Cu-Antagonistenangebotes (z. B. S, Mo, Cd) bedeutungsvoll [12]. Aus diesem Grund muß mit einem Cu-Minimalbedarf gerechnet werden, da unter dem Einfluß eines reichlichen Antagonistenkonsums auch Wiederkäuer mit einer mehrfachen Cu-Aufnahme des Cu-Bedarfs an Cu-Mangel leiden können. Andererseits weist ein Cu-Angebot von <5 bzw. <8 mg/kg Rationstrockensubstanz auf die Möglichkeit des primären Cu-Mangels hin. Dieser ist vor allem beim Wiederkäuer gegeben, wenn ältere Gräser als Futter eingesetzt werden. Das gleiche gilt für Wildwiederkäuer, insbesondere im Winter und bei Waldäsung. Raps und Getreide enthalten im Winter reichlich Cu [13, 18].

Der signifikante Einfluß der geologischen Herkunft des Ausgangsmaterials für die Bodenbildung kann in Übereinstimmung mit den von BERGMANN u. a. (1968) festgestellten pflanzenaufnehmbaren Cu-Konzentrationen der Böden vor allem auf den Moor- und Torfstandorten, den Sandböden und Geschiebelehmstandorten zu einer

Cu-armen Vegetation führen. Auf diesen Standorten kommt primärer Cu-Mangel beim Wiederkäuer vor. In diesen Gebieten der DDR wird das Cu-reiche Mineralstoffgemisch an Rinder, Schafe, Ziegen und Pferde verfüttert [15, 16]. Es muß auch in S-, Cd- und Mo-belasteten Lebensräumen der Wiederkäuer eingesetzt werden, da es in diesen zu einem antagonistenbedingten sekundären Cu-Mangel kommt [14, 21]. Der artspezifisch unterschiedliche Cu-Gehalt der Pflanzen kann nicht dazu benutzt werden, um den Anbau Cu-reicher Futterarten zu verlangen. Die Futterpflanzen müssen je ha höchste Erträge an verzehrbarer Nettoenergie liefern, die sich auch ökonomisch konservieren läßt. Die Cu-Versorgung ist über die verschiedenen Mineralstoffgemischchargen zu gewährleisten.

Mit Hilfe der Indikatorpflanzen Wiesen- und Ackerrotklee, Luzerne, Weizen und Roggen in den beschriebenen Entwicklungsstadien kann die Cu-Versorgung des Wiederkäuers in Abhängigkeit von der geologischen Herkunft des Standortes abgeschätzt und mit Hilfe des Cu-Gehaltes von Indikatororganen der Haus- und Wildtiere gesichert werden [22]. Monogastrische Haustiere sind vom standortspezifischen Cu-Angebot unabhängig, da sie einen niedrigeren Cu-Bedarf haben und über gekaufte Konzentrate (Schwein, Geflügel) Cu anderer Lebensräume erhalten, so daß kein Cu-Mangel bei ihnen in der DDR, in der VR Ungarn und der ČSSR beschrieben wurde.

Zusammenfassung

Der Einfluß des Pflanzenalters, der geologischen Herkunft des Standortes und der Pflanzenart auf den Cu-Gehalt wurde bei 6633 Proben von Wiesen- bzw. Ackerrotklee Luzerne, Wiesenschwingel, Roggen und Weizen aus der DDR, der VR Ungarn und der ČSSR systematisch analysiert. Mit zunehmendem Pflanzenalter nahm der Cu-Gehalt der untersuchten Arten von Ende April bis Mitte Juni signifikant ab. Ackerrotklee, Weizen und Wiesenschwingel verminderten ihren Cu-Bestand um 38, 40 bzw. 43 %, der des Roggens sank sogar um 66 %.

Blätter enthalten statistisch gesichert mehr Cu als Stengel und Blattstiele. Daraus resultiert die starke Verminderung des Cu-Anteils geschoßter und blühender Gräser.

Die geologische Herkunft des Standortes beeinflußte den Cu-Gehalt der Indikatorpflanzen Wiesen- bzw. Ackerrotklee, Weizen und Roggen hochsignifikant.

Am wenigsten Cu enthielt die Flora der Moore bzw. Torf-, Sand- und Geschiebelehmstandorte. Auf diesen muß am ehesten mit Cu-Mangelerscheinungen beim Wiederkäuer gerechnet werden. Die Verwitterungsböden produzieren in der Regel eine Cu-reichere Vegetation.

Der Cu-Gehalt der Pflanzenarten ist artspezifisch. Die untersuchten Leguminosenarten enthielten gesichert mehr Cu als die Gramineen. Zwischen Luzerne und Ackerrotklee in der Knospe einerseits und Weizen im Schossen und Roggen in der Blüte andererseits bestanden keine gesicherten Unterschiede.

Der Cu-Bedarf des Wiederkäuers (8 mg/kg Futtertrockensubstanz) kann bei Verfütterung älterer gramineenreicher Rationen, die auf Moor-, Torf-, Sand- und Geschiebelehmstandorten wuchsen, ungedeckt bleiben.

Das Cu-reiche Mineralstoffgemisch ist bei Rindern und Schafen einzusetzen.

Резюме

M. Анке, Б. Гроппель, С. Сентмихай †, М. Грун и Хелла Кронеманн

Содержание меди в растениях в зависимости от возраста, геологического происхождения места и вида растения

Определилось влияние возраста растений, геологического происхождения места и вида растения на содержание меди у 6633 проб лугового и полевого красных клеверов, люцерны, луговой овсяницы, ржа и пшеницы из ГДР, Венгрии и ЧССР. Проведены систематические анализы. В зависимости от возраста растения обнаружили достоверное снижение содержания меди в исследуемых видах растения с конца апреля по середине июня. У полевого красного клевера, пшеницы и луговой овсяницы снизилось содержание меди на 38, 40 и, соответственно, 43 %, у ржа даже на 66 %. Листья содержали достоверно больше меди стебля и стеблей листев. Поэтому доля меди в цветоносных и цветущих травах значительно уменьшается.

Геологическое происхождение места имело высокодостоверное влияние на содержание меди в индикаторных растениях, т. е. в луговом и полевом красных клеверах, пшенице и рже.

Растения болотистых, торфяных, песчаных и глинистых мест содержали меньше всех меди. Здесь прежде всего появляются у жвачных признаки недостатка в меди. На полях выветривания вегетация накапливается как следует больше меди.

Содержание меди в растениях зависит от вида. Исследуемые вида бобовых содержали достоверно больше меди злаковых.

С другой стороны обнаружили, что нет достоверного различия между люцерной и половым красным клевером в стадии почкования в сравении с пшеницей цветухой и с цветущем ржём.

Потребность жвачных в меди от 8 мг/кг сухого вещества корма может остаться дефицитной, если скармливают рационы из более старых злаковых, которые росли на болотистых, торфяных, песчаных и глинистых местах. Обогащенная Cu смесь минеральных веществ необходимо дать крупному рогатому скоту и овцам.

Summary

M. Anke, B. Groppel, S. Szentmihalyi †, M. Grün and Hella Kronemann

The copper content of the flora in dependence on age, the geologic origin and the biotope of the plant species

The influence of the age of plants, the geologic origin of the biotope and the variety of plant on the Cu content was systematically analysed from 6633 samples of meadow and field red clover, alfalfa, meadow fescue, rye and wheat from the GDR, Hungary and Czechoslovakia. The Cu content of the varieties investigated decreased significantly with the increasing age of the plants from the end of April to the middle of June. The Cu content of field red clover, wheat and meadow fescue decreased by 38, 40 and 43 %, that of rye even by 66 %.

Statistically signifikant, leaves contain more Cu than stems or leave stalks. This results in the strong diminishing of the Cu content of shooting and flowering grass.

The geologic origin of the biotope influenced the Cu content of the indicator plants meadow and field red clover, wheat and rye highly significantly.

The lowest Cu content was found in the flora of the moors and peat of sand and debris loam biotopes. Cu deficiency phenomena for ruminants must mostly be taken into consideration in these biotopes. As a rule, weathering soils provide a vegetation rich in Cu.

The Cu content of the plant varieties is specific. The leguminous varieties contained significantly more Cu than the graminees. There were no significant differences between alfalfa and field red clover in budding and wheat in shooting and rye in blooming.

The Cu requirement of ruminants (8 mg/kg dry matter of the feed) may not be met in the feeding of rations rich in graminees grown on moor, peat, sand and debris loam biotopes, in which case a minimal mixture rich in Cu is to be used for the cattle and sheep.

Literaturverzeichnis

[1] ALEKSIEV, A., E. KRASTEVA und S. KUMANOV: Zivotnovadi Nauki **1**, 45 (1964)

[2] ALLEN, K. G. D., L. M. KLEVAY and H. L. SPRINGER: Nutr. Reports International **16**, 227 (1977)

[3] AMMERMAN, C. B., F. G. MARTIN and L. R. ARRINGTON: J. Dairy Sci. **53**, 1514 (1970)

[4] ANKE, M.: Jb. Arbeitsgem. Fütterungsberatung **2**, 340 (1958/59)

[5] ANKE, M.: Jb. Arbeitsgem. Fütterungsberatung **3**, 344 (1960/61)

[6] ANKE, M.: Zt. Acker- und Pflanzenbau **112**, 113 (1961)

[7] ANKE, M.: Jb. Arbeitsgem. Fütterungsberatung **4**, 257 (1961/62)

[8] ANKE, M.: Tagungsbericht Akad. Landw. Wiss. DDR, Berlin **56**, 105 (1962)

[9] ANKE, M.: Arch. Tierernähr. **17**, 1 (1967)

[10] ANKE, M.: Arch. Tierernähr. **18**, 121 (1968)

[11] ANKE, M.: Tagungsbericht Akad. Landw. Wiss. DDR, Berlin **132**, 197 (1974)

[12] ANKE, M.: Mengen- und Spurenelementansatz. In: G. GEBHARDT (Hrsg.): Tierernährung. VEB Dt. Landwirtschaftsverlag Berlin (1981)

[13] ANKE, M., und E. BRÜCKNER: Beiträge Jagd- u. Wildforschung **8**, 21 (1973)

[14] ANKE, M., B. GROPPEL, M. GRÜN, A. HENNIG, H. LÜDKE und M. PARTSCHEFELD: Wiss. Tagung d. Sekt. Tierprod. u. Vet.-Med. d. Karl-Marx-Univ. Leipzig. S. 159 (1975c)

[15] ANKE, M., B. GROPPEL, und H. LÜDKE: Tierzucht **26**, 56 (1972)

[16] ANKE, M., B. GROPPEL, H. LÜDKE, M. GRÜN und J. KLEEMANN: Arch. Tierernähr. **25**, 257 (1975b)

[17] ANKE, M., B. GROPPEL und M. PARTSCHEFELD: Tierzucht **27**, 279 (1973)

[18] ANKE, M., B. GROPPEL, S. PRIEN, L. BRIEDERMANN, und S. MEHLITZ: Arch. Tierernähr. **30** 707 (1980)

[19] ANKE, M., M. GRÜN, B. GROPPEL, H. LÜDKE und M. PARTSCHEFELD: Tierernähr. u. Fütterung 9, 18 (1975a)

[20] ANKE, M., W. GÜNTHER und Ü. OLL: Jb. Arbeitsgem. Fütterungsberatung **4**, 67 (1961/62)

[21] ANKE, M., A. HENNIG, H.-J. SCHNEIDER, B. GROPPEL, M. GRÜN, M. PARTSCHEFELD und H. LÜDKE: Wiss. Z. Karl-Marx-Univ. Leipzig, Math.-Naturwiss. R. **25**, 241 (1976)

[22] ANKE, M und M. RISCH: Haaranalyse und Spurenelementstatus. VEB Gustav Fischer Verlag Jena (1979)

[23] ANKE, M., K. SASUM, Ü. OLL und B. GRAUPE: Arch. Tierernähr. **12**, 93 (1962b)

[24] AULIO, K.: Bull. Environm. Contam. Toxicol. **25**, 713 (1980)

[25] BALOGH, K., M. ERDELYÍ, M. KRETZOI, A. RONAI, Z. SCHREITER, I. SÜMEGHY, L. SZEBANYI,

F. SZENTES, E. SZÖTES und I. URBANCSEK, Magyarorszag Földtani Terkére Szerkesztette: A Magyar Allami Földtani Inézet (1956)

[26] BERGMANN, W.: Farbatlas Ernährungsstörungen bei Kulturpflanzen. VEB Gustav Fischer Verlag Jena (1983)

[27] BERGMANN, W., L. BÜCHEL, R. EBELING und B. WITTER: Tagungsber. Akad. Landwirtschaftswiss. DDR, Berlin **56**, 35 (1962a)

[28] BERGMANN, W., L. BÜCHEL, R. EBELING und B. WITTER: Zt. Landw. Versuchs- u. Untersuchungswesen **8**, 156 (1962b)

[29] BERGMANN, W., R. EBELING, J. GERMAR, U. MÜLLER und U. SCHEIBE: Jb. Tierernähr. u. Fütterung **6**, 478 (1967/68)

[30] BERGMANN, W., R. EBELING, B. WITTER; H. SCHNORR, K. KLEMM, S. GEY, P. RUNGE, H. WAHL und O. KNABE: Albrecht-Thaer-Archiv **12**, 1099 (1968)

[31] BOWEN, H. J. M.: Trace element in biochemistry. Academic Press, London and New York (1966)

[32] BRUCE, R. C.: Tropical Grassland **12**, 170 (1978)

[33] CZUBA, M. und T. C. HUTCHINSON: J. Environmental Quality **9**, 566 (1980)

[34] DEMAYO, A., M. C. TAYLOR und K. W. TAYLOR: Effect of copper on humane, laboratory and farm animals, teerestrial plants, and aquatic life. CRC Critical Reviews in Environmental Control p. 183 (1982)

[35] GIESY, J. P. A. NEWELL und G. J. LEVERSEE: Sci. Total Environment **28**, 23 (1983)

[36] GRAHAM, R. D.: Nature **254**, 514 (1975)

[37] GRAUPE, B., M. ANKE und A. ROTHER: Jb. Arbeitsgem. Fütterungsberatung **3**, 357 (1960/61)

[38] HALVARSON, A. D. und L. M. WHITE: Agronomy J. **75**, 225 (1983)

[39] HEMPHILL, D. D.: Animals New York Academy Sci. **199**, 46 (1972)

[40] HENNIG, A.: Mineralstoffe, Vitamine, Ergotropika. VEB Dt. Landwirtschaftsverlag Berlin (1972)

[41] HILL, J., A. D. ROBSON and J. F. LONERAGAN: Aust. J. Agric. Res. **30**, 233 (1979a)

[42] HILL, J. A. D. ROBSON und J. F. LONERAGAN: Ann. Bot. **44**, 279 (1979b)

[43] HILL, J., ROBSON, A. D. und J. F. LONERAGAN: Ann. Bot. **43**, 449 (1979c)

[44] JAAKKOLA, A und PAULA VOGT: Acta Agricult. Scand. Suppl. **20**, 53 (1978)

[45] KÄHÄRI, J. und HELENA NISSINEN: Acta Agricult. Scand. Suppl. **20**, 26 (1978)

[46] KÁRPÁTI, I., V. KÁRPÁTI und G. TÖLGYESI: Acta Botanica Acad. Sci Hungaricae **16**, 299 (1970)

[47] KIRCHGESSNER, M.: Landw. Forsch. **10**, 45 (1957a)

[48] KIRCHGESSNER, M.: Z. Tierernähr. u. Futtermittelkd. **12**, 304 (1957b)

[49] KIRCHGESSNER, M., G. MERZ und W. OELSCHLÄGER: Arch. Tierernähr. **10**, 414 (1960)

[50] KIRCHGESSNER, M., H. L. MÜLLER und G. VOIGTLÄNDER: Wirtschaftseig. Futter **17**, 179 (1971)

[52] KNABE, O.: Tagungsbericht d. Dr. Akad. Landwirtschaftswiss., DDR, Berlin **85**, 193 (1966)

[53] KRÄHMER, R. und W. PODLESAK: Die Bedeutung des Kupfers für die Pflanzenproduktion der Mengen- u. Spurenelemente **2**, 333 (1982)

[54] LANG, V., M. KIRCHGESSNER und G. VOIGTLÄNDER: Zt. Acker- u. Pflanzenbau **135**, 216 (1972)

[55] LASSITER, J. W., J. V. MASON, H. F. PERKINS, A. R. BROWN and E. R. BEATY: College Univ. Georgia Argic. Exp. Stations. Research Bulletin **25**, 1 (1967)

[56] LEVESQUE, M. P. und S. P. MATHUR: Canad. J. Soil. Sci. **63**, 469 (1983)

[57] LONERAGAN, J. F., K. SNOWBALL und A. D. ROBSON: Ann. Bot. **45**, 621 (1980)

[58] MATHUR, S. P. und M. P. LEVESQUE: Canad. J. Soil. Sci. **63**, 229 (1983)

[59] MÜLLER, H. L. und M. KIRCHGESSNER: Wirtschaftseig. Futter **18**, 213 (1972)

[60] PAHL, E., G. VOIGTLÄNDER und M. KIRCHGESSNER: Z. Acker- u. Pflanzenbau **131**, 70 (1970)

[61] PODUSOWSKA, I., K. KRAWCZYK und A. OMBACH: Roczniki Nauk Rolniczych **91**, 573 (1969)

[62] REDDY, G. D., A. M. ALSTON und K. G. TILLER: Aust. J. Exp. Agric. Anim. Husb. **21**, 498 (1981)

[63] SÁMSONI, Z.: Növenytermeles **22**, 25 (1973)

[64] SIPPOLA, J. und T. TARES: Acta Agric. Scand. Suppl. **20**, 11 (1978)

[65] SNOWBALL, K., A. D. ROBSON und J. F. LONERAGAN: New Phytol. **85**, 63 (1980)

[66] STEGER, H., F. PÜSCHEL und K. KASDORF: Arch. Tierernähr. **9**, 440 (1959)

[67] SYVÄLAHTI, J. und J. KORKMAN: Acta Agric. Scand. Suppl. **20**, 80 (1978)

[68] SZALAY, A., Z. SÁMSONI, M. SZILÁGYI und Z. SÁMSONI: Z. Pflanzenernähr. Bodenkd. **138**, 447 (1975)

[69] SZALAY, S., M. SZILÁGYI und Z. SÁMSONI: Agrokémia es Talajtan 19, 1 (1970)
[70] SZENTMIHÁLYI, S.: Jb. Arbeitsgem. Fütterungsberatung 4, 408 (1961/62)
[71] SZENTMIHÁLYI, S.: Tagungsbericht Akad. Landwirtschaftswiss. DDR, Berlin 85, 297 (1966)
[72] TARES, T. and J. SIPPOLA: Acta Agric. Scand., Suppl. 20, 90 (1978)
[73] THUKRAL, A. K., M. C. JOSHI and R. CHAND: Current Sci. 51, 752 (1982)
[74] TÖLGYESI, G.: Acta Agronomica 11, 203 (1962)
[75] TÖLGYESI, G.: Acta Agronomica 13, 287 (1965)
[76] TÖLGYESI, G.: Magyar Allatorvosok Lapja 21, 168 (1966a)
[77] TÖLGYESI, G.: Magyar Allatorvosok Lapja 21, 446 (1966b)
[78] TÖLGYESI, G.: und I. CSAPODY: Agrokémia és Talajtan 22, 129 (1973)
[79] TÖLGYESI, G., I. CSAPODY and L. BENCZE: Acta Agron. Acad. Sci. Hungaricae 19, 293 (1970)
[80] TÖLGYESI, G. und I. KÁRPÁTI: Magyar Allatorvosok Lapja 32, 327 (1977a)
[81] TÖLGYESI, G. und I. KÁRPÁTI: Agrokémia és Talajtan 26, 63 (1977b)
[82] TÖLGYESI, G. und A. KOZMA: Magyar Allatorvosok Lapja 38, 33 (1983)
[83] TÖLGESI, G. und T. MAJOR: Acad. Sci. Hun. 25, 263 (1976)
[84] TÖLGESI, G., J. VARGA und R. SCHMIDT: Magyar Allatorvosok Lapja 38, 599 (1983)
[85] VOIGTLÄNDER, G., V. LANG und M. KIRCHGESSNER: Z. Acker- u. Pflanzenbau 135, 204 (1972)
[86] WEAVER, C. M., P. H. CHENT and S. L. RYNEARSON: Cereal Chem. 58, 120 (1981)
[87] WEBER,E.: Grundlagen der biologischen Statistik. VEB Gustav Fischer Verlag Jena (1972)
[88] WINOGRADOW, A. P.: Geochemie seltener und nur in Spuren vorhandener chemischer Elemente im Boden. Akademie-Verlag Berlin (1954)
[89] WÖHLBIER, W. und M. KIRCHGESSNER: Landw. Forsch. 10, 240 (1957)
[90] WÖHLBIER, W., M. KIRCHGESSNER und W. OELSCHLÄGER: Arch. Tierernähr. 9, 194 (1959)
[91] KLIMAATLAS für das Gebiet der Deutschen Demokratischen Republik. Akademie-Verlag Berlin (1953)
[92] Qualitätsanforderungen für Mischfuttermittel, Wirk- und Mineralstoffmischungen und wissenschaftliche Empfehlungen für den Einsatz in der Tierproduktion (1982)

Eingegangen: 15. März 1984

Anschrift der Autoren:

Prof. Dr. sc. agr. M. ANKE, Dr. sc. agr. M. GRÜN
und Dr. agr. HELLA KRONEMANN
Sektion Tierproduktion und Veterinärmedizin
der Karl-Marx-Universität Leipzig,
Wissenschaftsbereich Tierernährungschemie
Dornburger Str. 24
Jena
6900
DDR

Prof. Dr. S. SZENTMIHÁLYIT †
Institut für Tierernährung, H-2053 Herceghalom, VR Ungarn

JOURNAL FÜR HIRNFORSCHUNG

International Journal of Brain Research and Neurobiology

Founded by Cécile and Oskar Vogt

The field of publication of the 'Journal fuer Hirnforschung' comprises the whole field of normal neuromorphology (cytology, histology, anatomy, embryology of the nervous system) including experimental works whose results were gained with the help of light microcopes and electron microscopes and by using histochemical methods. In order to promote the interdisciplinary cooperation paper are published whose results were obtained due to the cooperation between neuromorphologists and other representatives of the neurosciences (neurophysiologists, neurochemists, neuroendocrinologists, neuropharmacologists, behaviourists). In addition, papers dealing with the cerebral localization of experimental excitation and deficit phenomena or clinical symptoms belong to those determina the image of the 'Journal fuer Hirnforschung'. Because of the increasing importance of evolution research comparative neuromorphology on an evolution-biological basis is planned to be given special coverage. The contributions are published in German, English or French with every contribution containing a summary in English. By publishing valuable research results the 'Journal fuer Hirnforschung' contributes to promoting morphological orientated brain research and neurobiology which are permanently gaining more and more importance.

Interested parties: Neuromorphologists, neurophysiologists and other representatives of the neurosciences as well as anatomists, physiologists, biologists, zoologists, pathologists and neurologists

Reference to publication: The journal is published annually in one volume with 6 numbers. Size: 21,0 cm × 29,7 cm. Subscription price per volume 270,00 DM plus dispatch costs. Price per issue 45,00 DM.
Key-index No.: 1018 ISSN 0021–8359
Volume 28 will appear in 1987.

Terms of Subscription:

- in the GDR: to the Postzeitungsvertrieb or to the Akademie-Verlag Berlin, Leipziger Str. 3–4, DDR-1086 Berlin;
- in the other socialist countries: to a bookshop for foreign language literature or to the competent news-distributing agency;
- in the FRG and Berlin (West): to a bookshop or to the wholesale distributing agency KUNST UND WISSEN, Erich Bieber OHG, Wilhelmstr. 4–6, D-7000 Stuttgart 1;
- in the other Western European countries: to KUNST UND WISSEN, Erich Bieber GmbH, General-Wille-Str. 4, CH-8002 Zürich;
- in other countries: to the international book- and journal-selling trade, to Buchexport, Volkseigener Außenhandelsbetrieb der DDR, DDR-7010 Leipzig, Postfach 160, or to the Akademie-Verlag Berlin, Leipziger Str. 3–4, DDR-1086 Berlin;

СОДЕРЖАНИЕ

INHALT

ARCHIVES OF ANIMAL NUTRITION
ARCHIV FÜR TIERERNÄHRUNG
VOLUME 37 MARCH 1987 NUMBER 3

CONTENTS

Archives of Animal Nutrition is indexed in Current Contents/Agriculture, Biology & Environmental Sciences, and abstracted in Nutrition Abstracts & Reviews and in Chemical Abstracts.

Bei Fragen zur Produktsicherheit wenden Sie sich bitte an:
If you have any questions regarding product safety,
please contact:

Walter de Gruyter GmbH
Genthiner Straße 13
10785 Berlin
productsafety@degruyterbrill.com